国家建筑标准设计图集 16J502-4

（替代 03J502-1～3）

内 装 修

细 部 构 造

批准部门：中华人民共和国住房和城乡建设部

组织编制：中 国 建 筑 标 准 设 计 研 究 院

中国计划出版社

图书在版编目（CIP）数据

国家建筑标准设计图集. 内装修. 细部构造. 16J502－4：替代03J502－1～3／中国建筑标准设计研究院组织编制. —北京：中国计划出版社，2017.9
ISBN 978－7－5182－0722－0

Ⅰ.①国… Ⅱ.①中… Ⅲ.①建筑设计—中国—图集 ②住宅—室内装修—细部设计—图集 Ⅳ.①TU206 ②TU767－64

中国版本图书馆CIP数据核字（2017）第240159号

国家建筑标准设计图集
内装修
细部构造
16J502－4
中国建筑标准设计研究院 组织编制
（邮政编码：100048 电话：010－68799100）
广告发布登记号：京西市监广登字20170256号
☆
中国计划出版社出版
（地址：北京市西城区木樨地北里甲11号国宏大厦C座3层）
北京强华印刷厂印刷

787mm×1092mm 1/16 7.375印张 29.5千字
2017年9月第1版 2020年1月第3次印刷
☆
ISBN 978－7－5182－0722－0
定价：69.00元

住房城乡建设部关于批准《内装修—细部构造》等8项国家建筑标准设计的通知

建质函[2016]90号

各省、自治区住房城乡建设厅，直辖市建委（规委）及有关部门，新疆生产建设兵团建设局:

经审查，批准由中国建筑标准设计研究院有限公司等单位编制的《内装修—细部构造》等8项标准设计为国家建筑标准设计。该8项标准设计自2016年6月1日起实施。原《内装修—轻钢龙骨内（隔）墙装修及隔断》(03J502-1)、《内装修—室内吊顶》(03J502-2)、《内装修—室内（楼）地面及其它装修构造》(03J502-3)、《木门窗》(04J601-1)、《木门窗(部品集成式)》(03J601-2)、《建筑节能门窗(一)》(06J607-1)、《铝合金节能门窗》(03J603-2)、《典型地区用节能型外门窗》(11J607-2)、《公用建筑卫生间》(02J915)、《住宅排气道(一)》(07J916-1)、《多、高层民用建筑钢结构节点构造详图(含2004年局部修改版)》(01SG519)、(01(04)SG519)标准设计同时废止。

附件：国家建筑标准设计名称及编号表

中华人民共和国住房和城乡建设部

二○一六年五月六日

“建质函[2016]90号”文批准的8项国家建筑标准设计图集号

序号	图集号	序号	图集号	序号	图集号	序号	图集号
1	16J502-4	3	16J607	5	16J916-1	7	16G108-7
2	16J601	4	16J914-1	6	16J934-3	8	16G519

《内装修—细部构造》编审名单

编制组负责人：饶良修　郭　景

编制组成员：邸士武　周祥茵　饶劢　谈星火　郭晓明　厉　飞　李　兵

审查组长：赵冠谦

审查组成员：顾　均　唐曾烈　许绍业　彭璨云　奚聘白　朱爱霞　孙　恺　谢剑洪　王红云

项目负责人：周祥茵

项目技术负责人：郭　景

内装修—细部构造

批准部门 中华人民共和国住房和城乡建设部　批准文号 建质函[2016]90号
主编单位 中国建筑设计院有限公司环境艺术设计研究院 中国建筑标准设计研究院有限公司　统一编号 GJBT-1379
实行日期 二〇一六年六月一日　图集号 16J502-4

主编单位负责人 李存东，郭晓明 刘志鸿
主编单位技术负责人 饶良修 刘东卫
技术审定人 郭晓明 郭景
设计负责人 邸士武 周祥茵

目　录

目　录						图集号	16J502-4
审核	饶良修	校对	郭晓明	设计	邸士武	页	1

目 录						图集号	16J502-4
审核	饶良修	校对	郭晓明	设计	邸士武	页	2

总　说　明

1　编制依据

1.1 本图集根据住房和城乡建设部建质函［2012］131号“关于印发《2012年国家建筑标准设计编制工作》的通知进行编制。

1.2 本图集依据下列标准规范：

《建筑设计防火规范》　GB 50016-2014

《民用建筑隔声设计规范》　GB 50118-2010

《民用建筑工程室内环境污染控制规范》　GB 50325-2010(2013年版)

《建筑装饰装修工程质量验收规范》　GB 50210-2001

《建筑内部装修防火施工及验收规范》　GB 50354-2005

《建筑工程施工质量验收统一标准》　GB 50300-2013

《室内装饰装修材料 人造板及其制品中甲醛释放限量》　GB 18580-2017

《室内装饰装修材料 溶剂型木器涂料中有害物质限量》　GB 18581-2009

《室内装饰装修材料 胶粘剂中有害物质限量》　GB 18583-2008

《室内装饰装修材料 木家具中有害物质限量》　GB 18584-2001

《建筑材料及制品燃烧性能分级》　GB 8624-2012

《建筑材料放射性核素限量》　GB 6566-2010

《建筑用轻钢龙骨》　GB/T 11981-2008

当依据的标准规范进行修订或有新的标准、规范出版实施时，本图集与现行工程建设标准不符的内容、限制或淘汰的技术和产品，视为无效。工程技术人员在参考使用时，应注意加以区分，并对本图集相关内容进行复核后选用。

2　适用范围

2.1 本图集适用于抗震设防烈度小于或等于8度地区的新建、改建和扩建的民用建筑室内装修中各种部品的构造做法。

2.2 本图集供建筑设计、室内设计及施工安装人员使用。

3　编制原则

3.1 本图集的编制力求创新、结合国情，满足建筑装饰装修工程的发展，改善使用环境的需要。图集内容除保留了原图集中技术成熟仍适用的部分外，又增加了新的内容及做法，供设计师选用或参考。

3.2 本图集收集、提炼了目前国内室内装修工程的实践经验，对室内装修工程涉及的室内装修中各种部品的构造做法和相关设计说明等内容进行了系统详尽的编制。

3.3 本图集编入了室内装饰装修新材料、新技术的做法，并符合安全和环保的要求。

3.4 装饰装修中钉、挂、吊是最基础的施工工艺，这些工艺的完好体现，决定于栓、铆 、紧固件的选择与使用，其通用件的规格尺寸、品种、使用范围、安装条件都有严格的国家标准，这类资料散落在各种手册中，查找不便，本次将室内设计常用的紧固件技术资料汇集到一起，供设计师选用或参考。

3.5 室内装饰装修中的各种部品构造做法均应符合我国现行标准规范、施工操作规程及施工质量验收规范的相关规定。

4　图集内容

4.1 本图集是《内装修》系列图集分册之一。

4.2 本图集主要包括十三个部分内容：A 轻质隔墙挂物；B 固定家具；C 一体化照明；D 卫生洁具、卫浴设施及卫浴五金配件；E 室内门；F 建筑构件防护部品；G 柱式；H 隔扇；J 装饰壁炉；K 室内装修伸缩缝构造；L 成品隔墙；M 紧固件；N 晾衣架。

4.3 为方便使用者了解、掌握、合理选用构造详图，本图集中十三个部分均包括分部说明和构造详图。分部说明的内容针对性强，对部品进行解释，对其特点、分类、安装要求等进行详尽的说明；构造详图的内容采用详图与选用表相结合的编制方式尽可能的呈现细部装修特点。

总　说　明								图集号	16J502-4
审核	饶良修	(签名)	校对	郭晓明	(签名)	设计	邸士武	(签名) 页	3

A 轻质隔墙挂物
B 固定家具
C 一体化照明
D 卫生洁具 卫浴设施 卫浴五金及配件
E 室内门
F 建筑防护构部件品

5 内装修材料性能要求

5.1 图集中装修材料均应满足防火和环保要求。

5.2 本图集编入的十三部分部品的构造做法，均符合《建筑设计防火规范》GB 50016-2014对室内装修中各种部品的构造做法要求。

5.3 室内装饰装修材料木家具中有害物质限量要求、装饰装修材料中天然放射性核素的放射性比活度，见表1和表2。

表1 木家具中有害物质限量要求

项目		限量值
甲醛释放量 (mg/L)		≤1.5
重金属含量（限色漆）(mg/kg)	可溶性铅	≤90
	可溶性镉	≤75
	可溶性铬	≤60
	可溶性汞	≤60
注：本表摘自《室内装饰装修材料 木家具中有害物质限量》GB 18584-2001。		

表2 装饰装修材料中天然放射性核素的放射性比活度

分类	核素物质名称	放射性和比活度	使用范围
A	镭-226 钍-232 钾-40	同时满足I_{Ra}≤1.0和I_r≤1.3的要求	装饰装修材料的产销与使用范围不受限制
B	镭-226 钍-232 钾-40	不满足A但同时满足I_{Ra}≤1.3和I_r≤1.9的要求	不可用于Ⅰ类民用建筑的内饰面，但可用于Ⅱ类民用建筑物、工业建筑内饰面及其他一切建筑的外饰面
C	镭-226 钍-232 钾-40	不满足A、B但满足I_r≤2.8的要求	只可用于建筑物的外饰面及室外其他用途
注：本表依据《建筑材料放射性核素限量》GB 6566-2010编制。			

6 编制说明

6.1 本图集采用A、B、C、D……为序号，代表对编入本图集中各种部品的构造做法进行分项。

6.2 本图集采用分项编制的方式，在每个分项中均包括分项说明、部分案例彩图及构造详图等。

6.3 本图集所选用的各种装修部品的配件不再绘制详细构造，图中仅表示外形及安装构造尺寸。

6.4 本图集如有标注尺寸采用代号“≥”或“≤”表示可变数时，可由设计师按工程设计需要确定尺寸。

6.5 各类装修部件与结构主体固定时，必须安全可靠。当采用膨胀螺栓、塑料胀管等固定时，要按照规定慎重选择型号。

6.6 室内装修的形式千变万化，本图集编入的内容，仅为设计师举一反三提供参考实例，设计师可根据工程实际需要，在满足国家现行相关规范基础上具体设计。

7 尺寸单位

本图集除注明外，所注尺寸均以毫米（mm）为单位。

8 索引方法

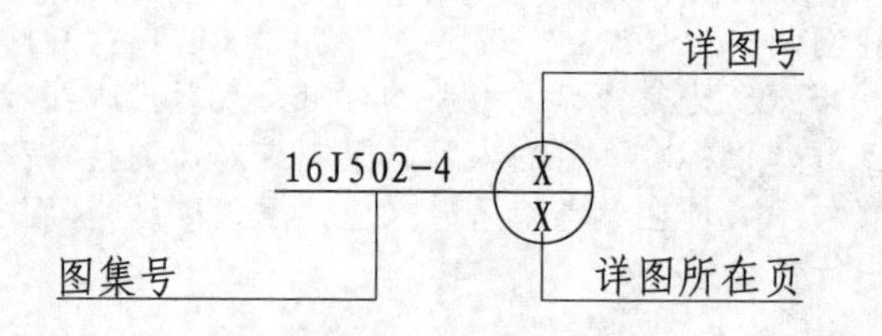

总说明
A 轻墙质挂隔物
B 固定家具
C 一体化照明
D 卫浴设施及 卫浴五金配件
E 室内门
F 建筑防护构部件品

A 轻质隔墙挂物说明

1 轻质隔墙挂物

轻质隔墙挂物是指在轻质砌块墙、轻质条板墙、轻钢龙骨墙上吊挂具有一定重量的物体。安装构造要牢固可靠、不变形、不脱落。

2 轻质隔墙挂物的分类

2.1 按安装方式可分为：隔墙预埋法、隔墙直接挂物法（轻钢龙骨封板隔墙、轻质砌块隔墙）。

2.1.1 隔墙预埋法是根据设计要求，在隔墙施工时提前进行（钢构件、木构件）预埋，然后将物体固定在事先预埋好的构件上。

2.1.2 轻钢龙骨隔墙根据隔墙中竖向轻钢龙骨间距（400或600），将物体固定在隔墙的竖向龙骨上。对挂物体的龙骨根据需要进行加强。

2.1.3 轻质砌块隔墙是采用需挂物品的配套挂件来安装（适用较轻物体）。

2.2 按挂物类型可分为：橱柜、电视、隔板、空调、窗帘杆、画框、饰品（工艺品）等。

3 轻质隔墙挂物的安装

3.1 墙面挂装物品时，对有承重要求的需在安装之前，对轻质隔墙进行加固，以达到能够安装的要求。

3.2 壁柜安装（以此为例）

3.2.1 壁柜的安装条件：室内隔墙已具备安装壁柜条件，对运到现场壁柜的部件进行检查，合格后再进行安装。安装时应在干燥、通风的室内进行，并在地面铺保护垫，防止安装时划伤壁柜。

3.2.2 壁柜的安装流程：放线定位→部件安装→隔板支点安装→柜扇安装→五金安装。

1) 放线定位：抹灰前利用室内标高基准线，按产品说明确定壁柜标高及上下口高度，考虑抹灰厚度确定相应的位置。

2) 部件安装：壁柜的部件应在室内抹灰前进行，安装在正确位置后，两侧框采用专用钉与墙体固定，钉帽不得外露。当墙体为钢筋混凝土时，可预钻φ5孔、深70~100，并事先使用气筒清孔，吹出渣粉后在孔内预埋木楔粘108胶水泥浆，打入孔内粘结牢固后再安装固定柜体。

3) 隔板支点安装：按产品说明确定隔板位置，在隔板支点处安装隔板支点条（架），将支点木条采用专用钉与墙体固定。当墙体为钢筋混凝土时，用方钢或角钢做支架，外面贴木饰面板。

4) 柜扇安装：

① 按柜扇的安装位置确定五金型号、对开扇裁口方向，一般应以开启方向的右扇为盖口扇。

② 检查框口尺寸：框口高度应量上、下口两端；框口宽度应量侧框间上、中、下三点，并在扇的相应部位定点划线。

③ 铲、剔合页槽安装合页：根据标划的合页位置，用扁铲凿出合页边线，即可剔合页槽。

④ 安装：安装时应将合页先压入扇的合页槽内，找正拧好固定螺丝。试装时，修合页槽的深度、调好框扇缝隙、框上每支合页先拧一个螺丝，然后关闭。检查框与扇平整、无缺陷符合要求后，将全部螺丝装上拧紧。木螺丝应钉入全长1/3、拧入2/3，如部品为硬

轻质隔墙挂物说明									图集号	16J502-4
审核	饶良修	饶良修	校对	郭晓明	郭晓明	设计	邸士武	邸士武	页	A01

木时，合页安装螺丝应划位打眼，孔径为木螺丝的0.9倍直径，孔深为螺丝的2/3长度。

⑤ 安装对开扇：先将部品尺寸量好，确定中间对缝、裁口深度划线进行刨槽，试装合适后，先装左扇再装盖扇。

5）五金安装：五金的类型、规格、数量按设计要求安装。安装时注意位置的选择，按产品说明操作进行，一般应先安装样板，经确认后再大面积安装。

3.2.3 壁柜的质量标准

1）保证项目：部品的品种、型号、安装需符合设计要求。部品必须安装牢固，固定点符合设计要求和施工规范的规定。

2）基本项目：部品裁口顺直，刨面平整光滑，开关柜门灵活、稳定、无回弹和倒翘。五金安装位置适宜、槽深一致、边缘整齐、尺寸准确。五金规格符合要求，数量齐全，木螺丝拧紧卧平，插销开插灵活。框的盖口条、压缝条压边尺寸一致。

3.2.4 壁柜的允许偏差及检验方法详见表A-1。

表A-1 壁柜的允许偏差及检验方法

项 次	项 目	允许偏差（mm）	检验方法
1	框正侧面垂直度	3	用1m托线板检查
2	框对角线	2	尺量检查
3	框与扇、扇与扇接触处高低差	2	用直尺和塞尺检查
4	框与扇、扇对口间留缝宽度	1.5～2.5	用塞尺检查

3.2.5 壁柜的成品保护：木制品进场对半成品进行保护，入库存放。安装壁柜时，严禁碰撞抹灰及其他装饰面，防止损坏成品面层。安装好的部品不得拆动，保护产品完整。

3.2.6 壁柜安装应注意的问题

1）装饰面与框需平齐。

2）柜框安装要牢固。

3）合页平齐，螺丝固定紧。安装时，螺丝钉入适当；操作时，螺丝打入长度1/3，拧入深度2/3。

4）严格检查柜框与洞口尺寸，确保尺寸误差。

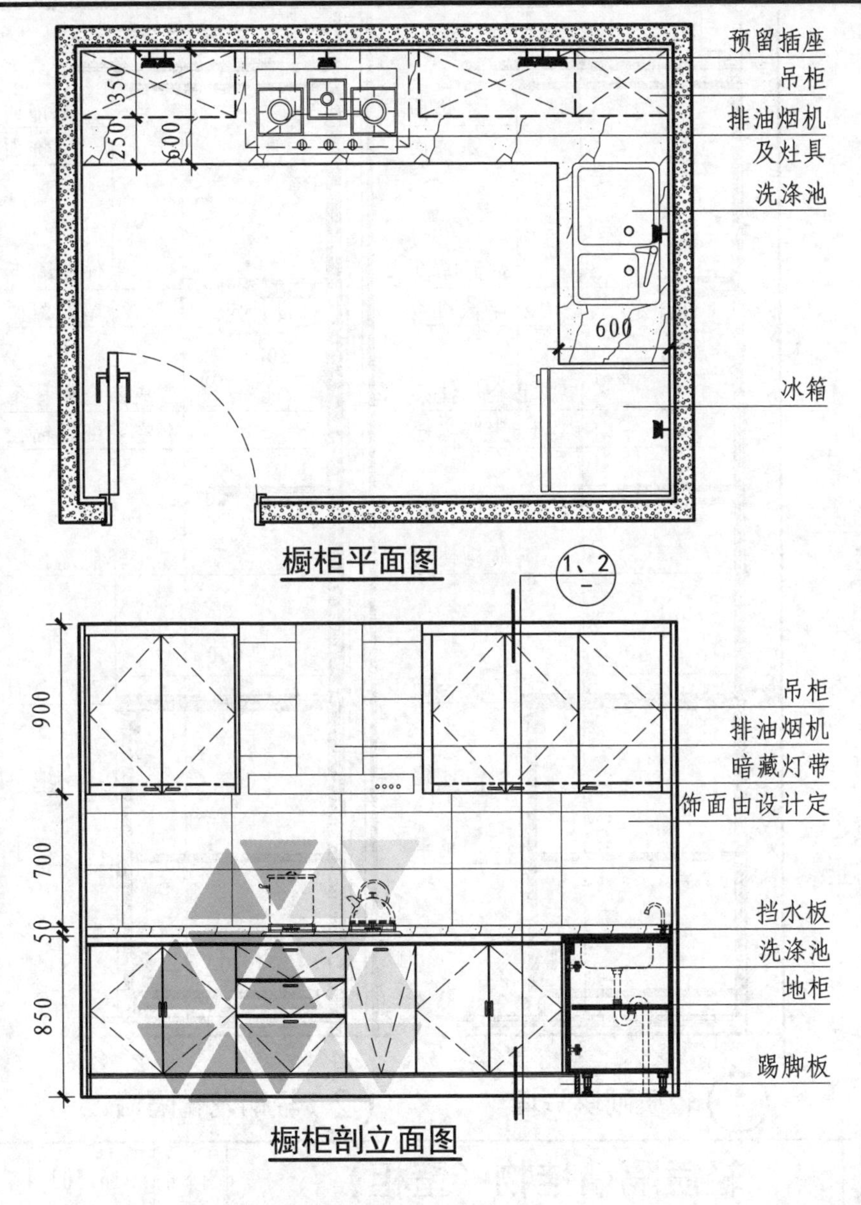

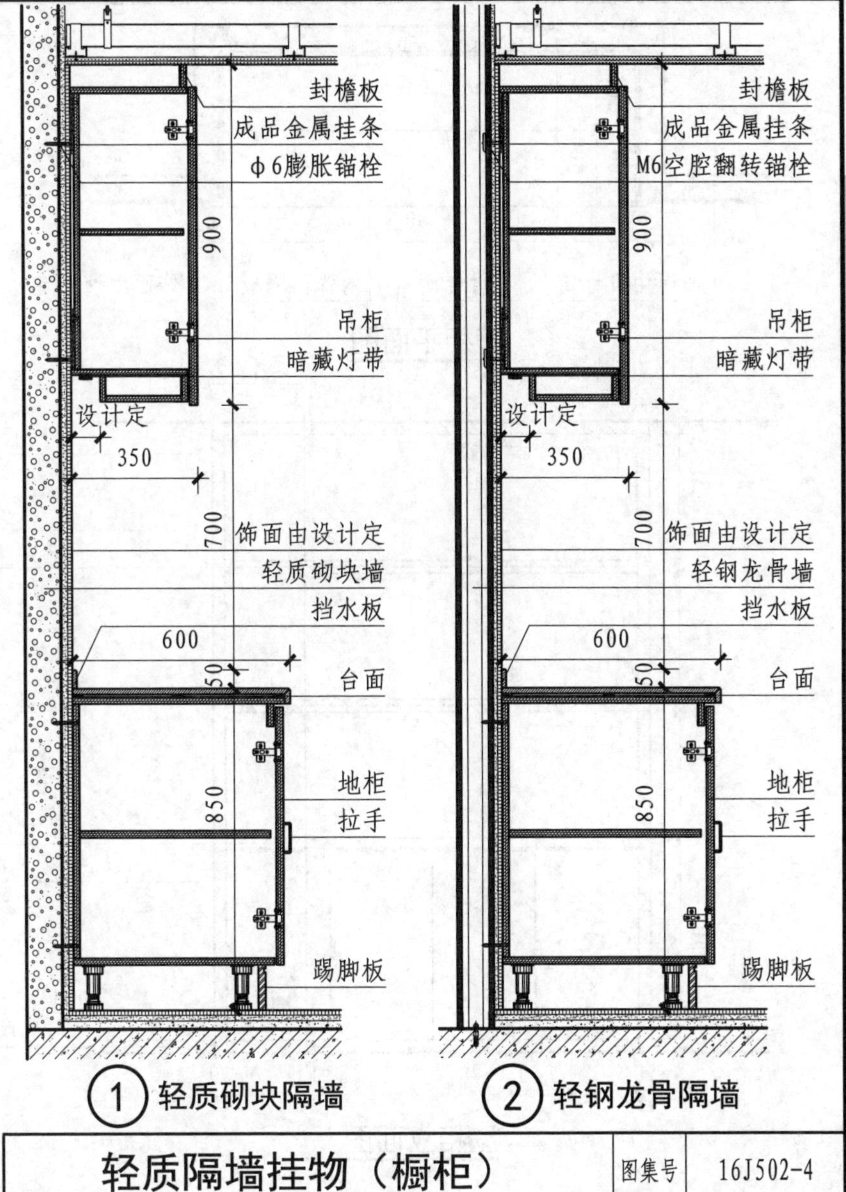

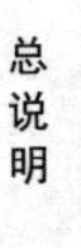

注：图中仅为示例尺寸，设计师可根据实际情况进行调整。

轻质隔墙挂物（橱柜）						图集号	16J502-4
审核	饶良修	校对	郭晓明	设计	邸士武	页	A03

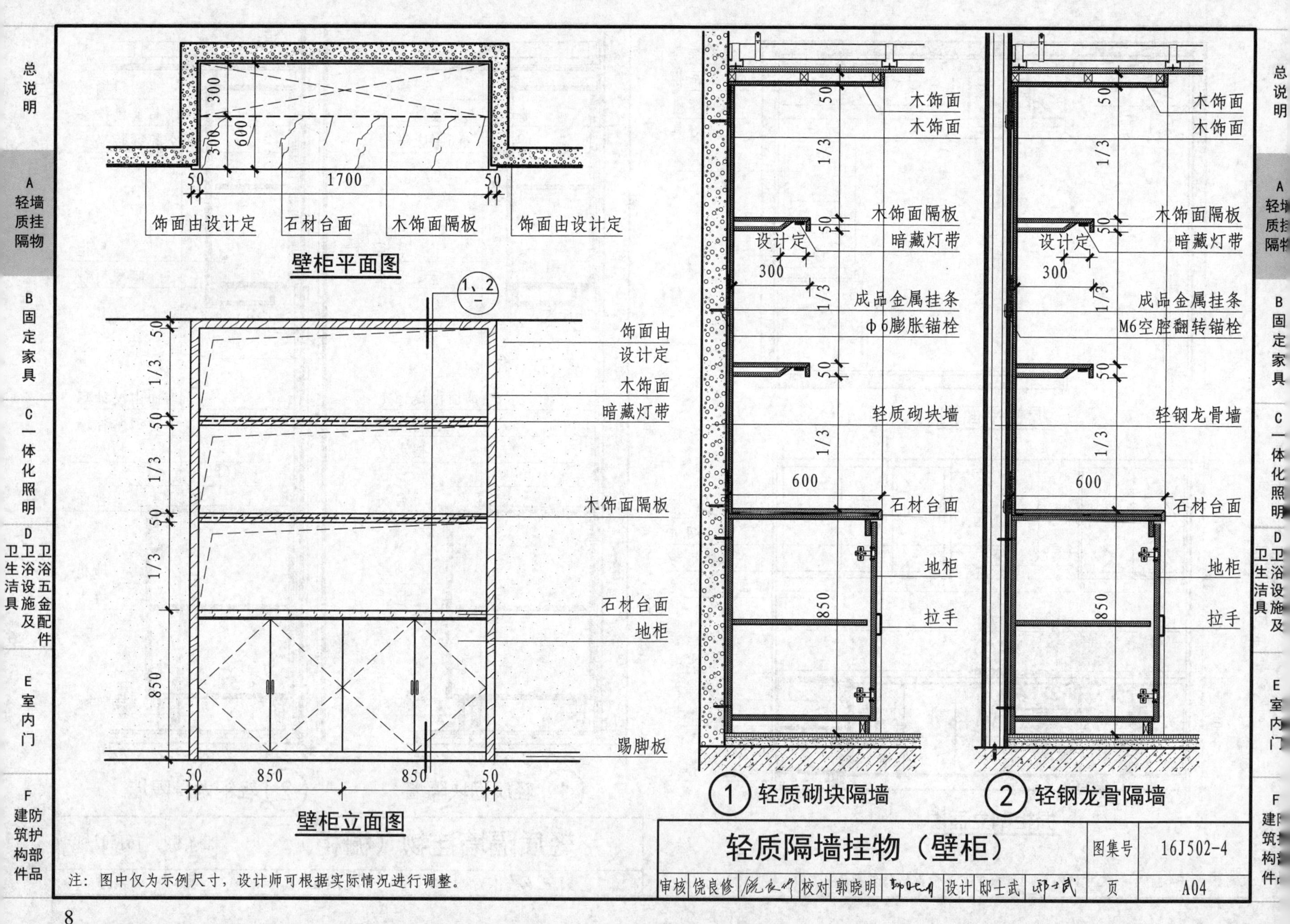

注：图中仅为示例尺寸，设计师可根据实际情况进行调整。

轻质隔墙挂物（壁柜）							图集号	16J502-4
审核	饶良修	饶良修	校对	郭晓明	郭晓明	设计	邸士武	邸士武	页	A04

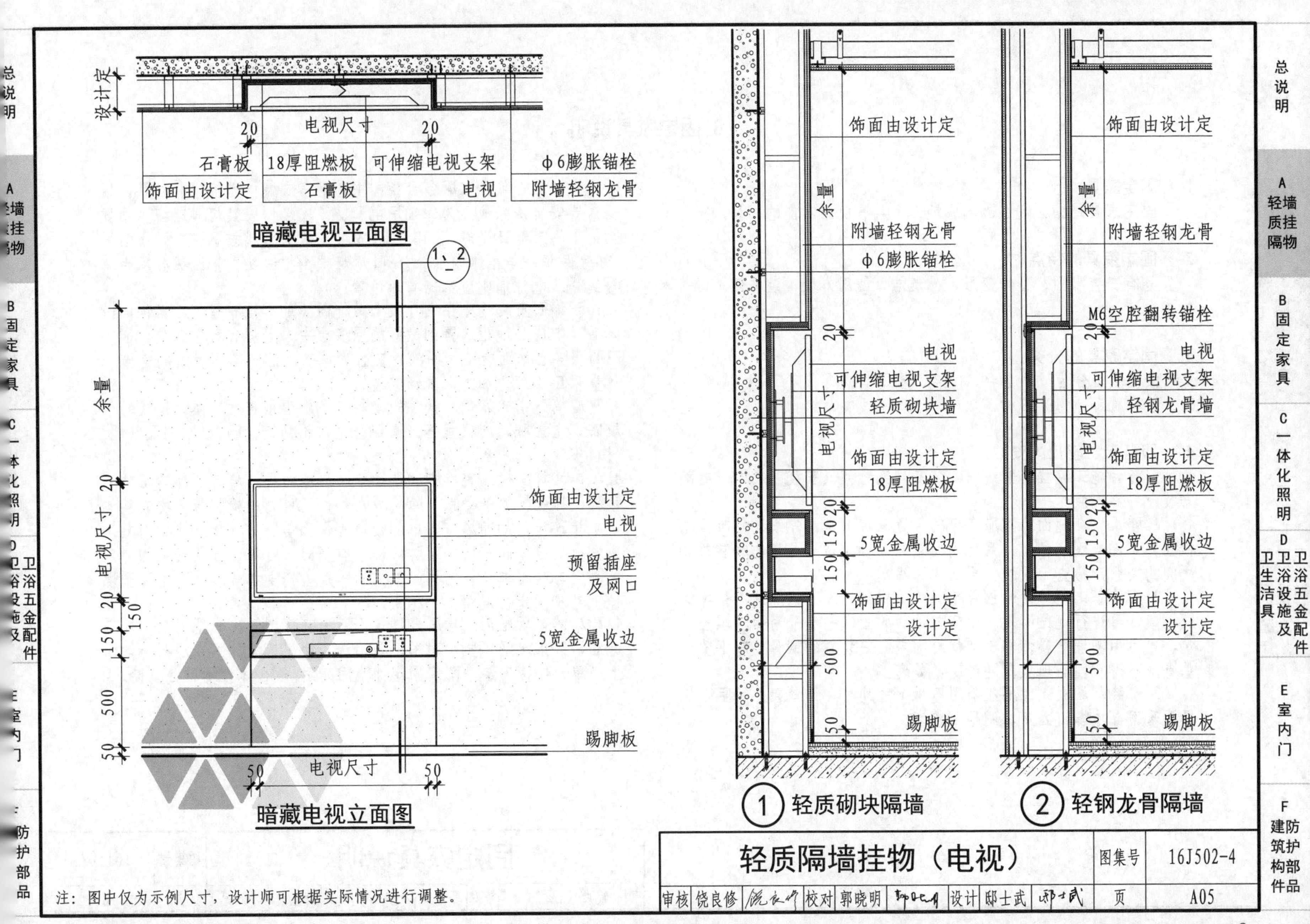

注：图中仅为示例尺寸，设计师可根据实际情况进行调整。

轻质隔墙挂物（电视）						图集号	16J502-4
审核	饶良修	校对	郭晓明	设计	邸士武	页	A05

B 固定家具说明

1　固定家具

固定家具是指固定在隔墙或地面上具有使用功能的家具。

2　固定家具的特点

具有安装牢固、不易变形、易清洁、使用方便、装饰效果好等特点。

3　固定家具的分类

3.1 按类型可分为：服务台、吧台、座椅等。

3.2 按材质可分为：石材、金属、木质、玻璃、织物等。

4　服务台、座椅的安装

4.1 服务台施工流程：弹线→安装基础钢骨架→安装基层板→电路安装→饰面安装。

4.1.1 弹线：在地面上把服务台的位置确定下来。弹线开始时，先检查施工图与现场位置、尺寸有无差异，确定位置与墙体和装饰面之间的关系，检查无误后，再正式弹线。

4.1.2 安装基础钢骨架：钢骨架通常是用角钢或方钢焊制，先焊制成框架，再进行定位固定。钢架与地面的固定一般采用膨胀螺栓固定，也可用预埋金属件与钢架焊接固定。安装好的钢骨架应平整、垂直，不得有扭曲现象，并做防锈处理。

4.1.3 安装基层板：在不能采用石材干挂处，在钢骨架上做阻燃基层板采用自攻螺钉固定，调整平整度。

4.1.4 电路安装：在服务台柜体中，通常安装电源插座和灯具，根据需要安装洗涤池。为保证用电和防火安全，安装灯具时应采用发热量小的节能日光灯、LED灯等，安装处应有金属护罩。电源线路用JDG管保护，与柜体内水管分开，尽量减少接线头，接线头处用金属接线盒。电源插座应远离有水位置。

4.1.5 饰面安装：先在钢骨架上做饰面（如干挂石材），当饰面做好后，把成品地柜放置到做好的服务台中，处理各种接缝处。因不同的服务台饰面有不同做法，应合理施工，注意不同材质的交接。尽量采用工厂化加工，现场组装。

4.2 座椅：指有靠背、扶手的坐具。多用于报告厅、体育馆（场）、剧院、电影院、会议室等。有铝合金、不锈钢、PVC、木制及其他材料座椅。

4.2.1 站脚座椅：有单脚和扶手站脚落地两种。单脚落地的座椅，站脚支撑座椅的中心点，除美观之外，还可利用椅脚与环境的其他设施相连接，如通风口、电源接口等。因单脚的连接方式相对复杂，成本也相应提高。扶手站脚落地具有坚固、可靠、方便安装的特点，扶手架与站脚相结合结构简单。站脚是座椅支撑的基础，用膨胀螺栓把站脚固定在混凝土结构上。

4.2.2 体育场座椅：采用进口聚乙烯中空吹塑一次成型工艺，外观饱满、线条流畅、坚固耐用、易清洗、使用广泛。可在混凝土地面上简单、快速安装，配套固定件坚固耐用，适合体育场看台座椅。

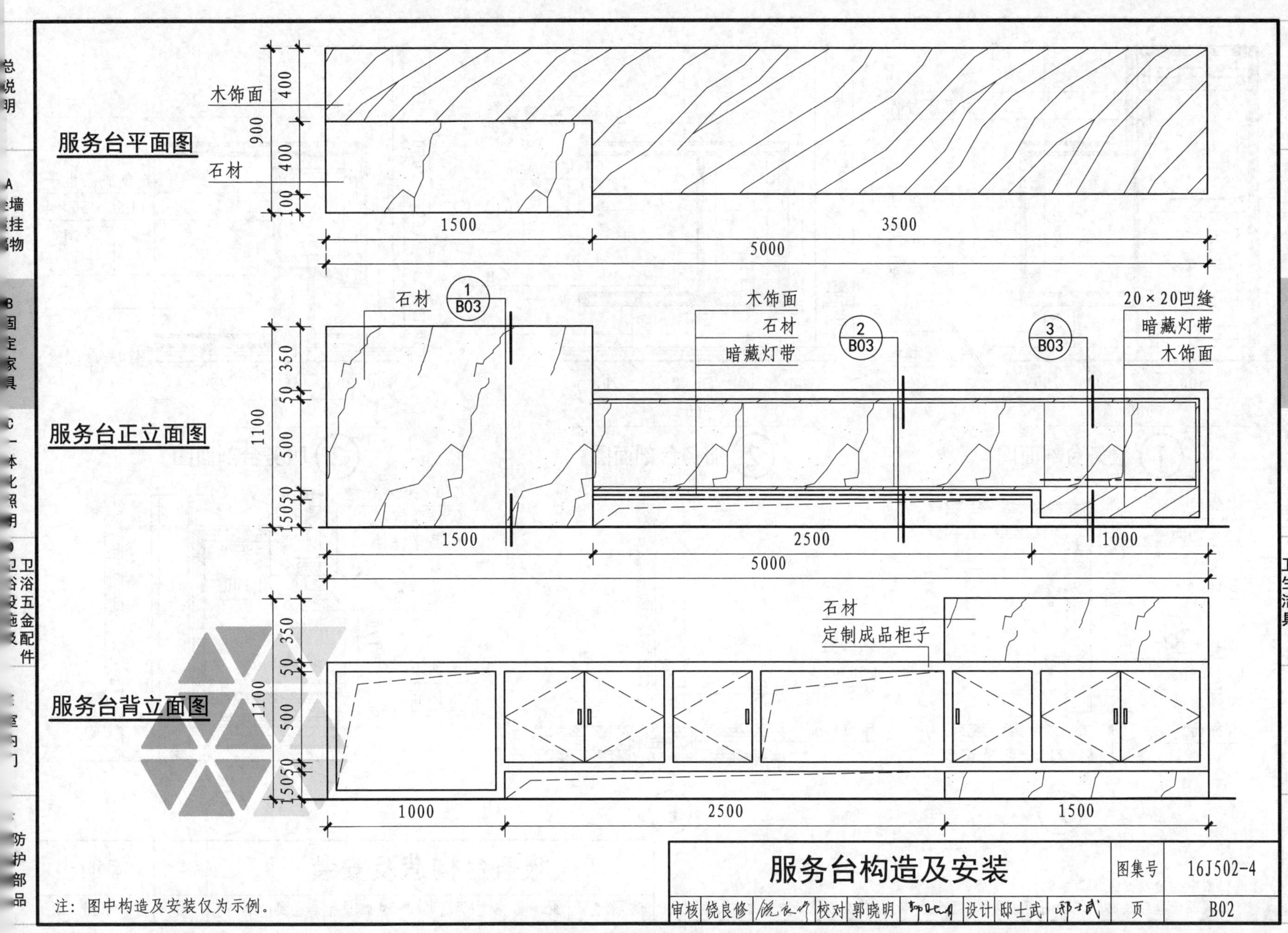

服务台构造及安装

图集号	16J502-4
页	B02

审核 饶良修 校对 郭晓明 设计 邸士武

注：图中构造及安装仅为示例。

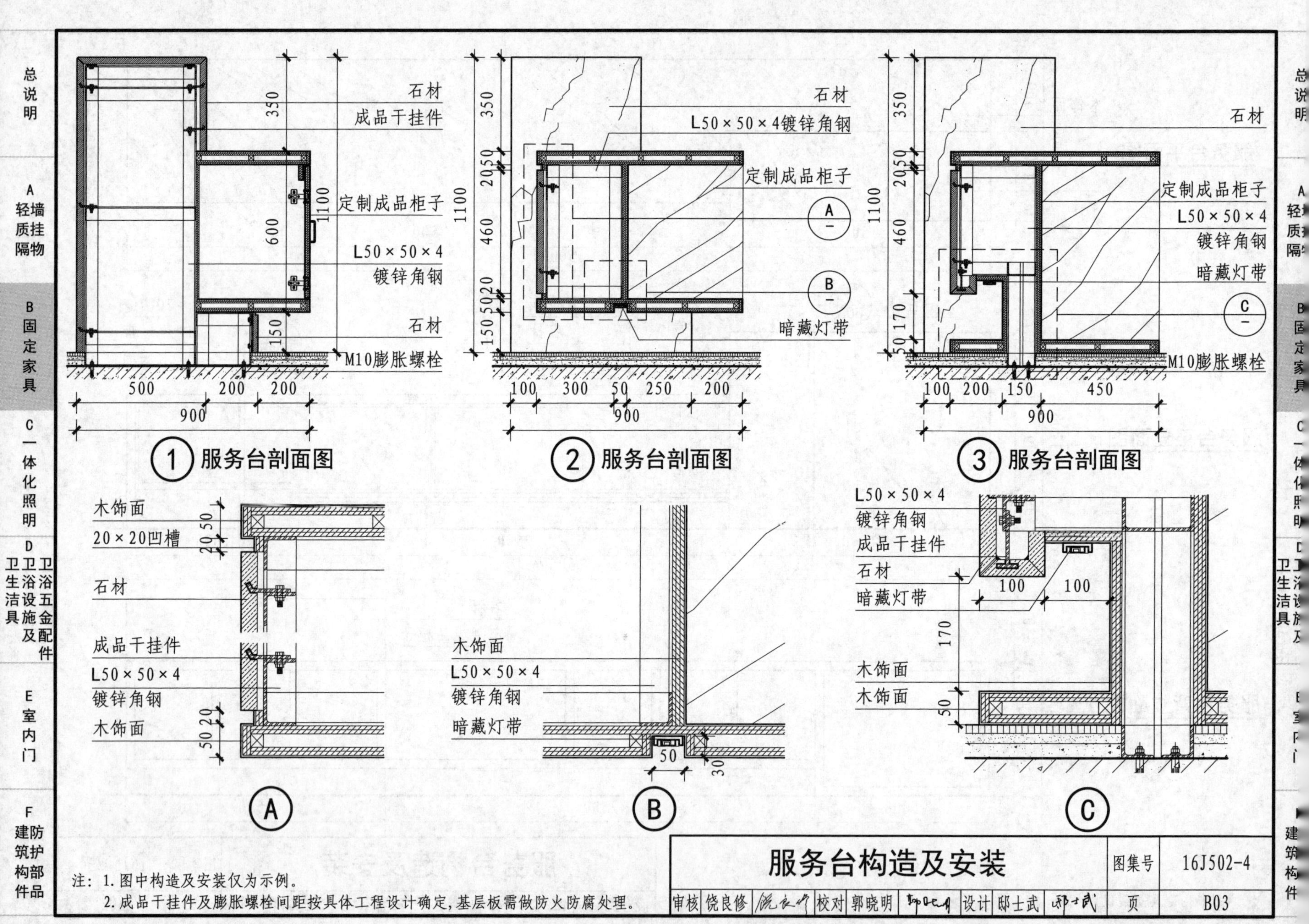

注：1.图中构造及安装仅为示例。
2.成品干挂件及膨胀螺栓间距按具体工程设计确定，基层板需做防火防腐处理。

服务台构造及安装						图集号	16J502-4
审核	饶良修	校对	郭晓明	设计	邸士武	页	B03

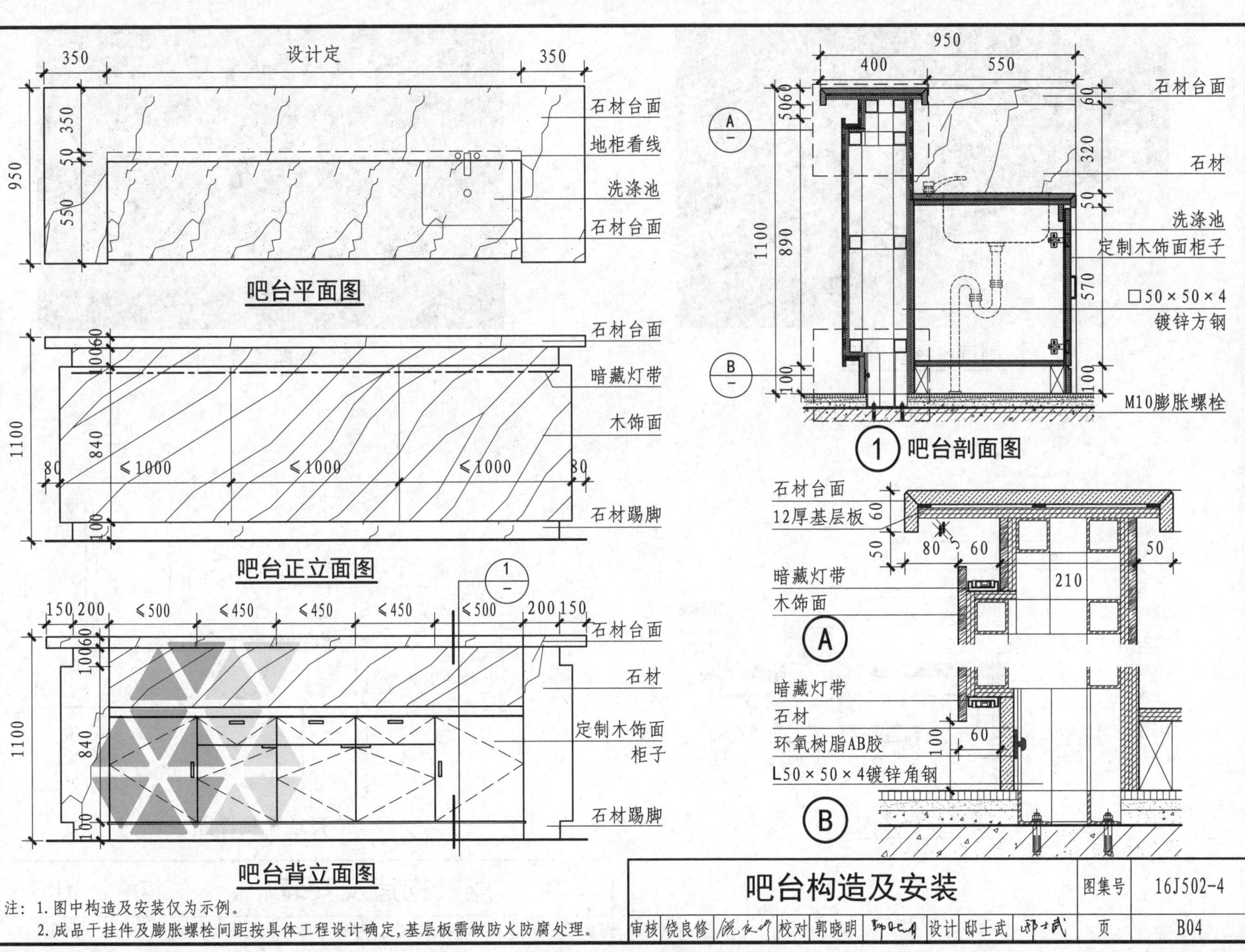

吧台构造及安装

图集号	16J502-4
页	B04

审核 饶良修 校对 郭晓明 设计 邸士武

注：1. 图中构造及安装仅为示例。

2. 成品干挂件及膨胀螺栓间距按具体工程设计确定，基层板需做防火防腐处理。

剧场座椅实例图

体育场座椅实例图

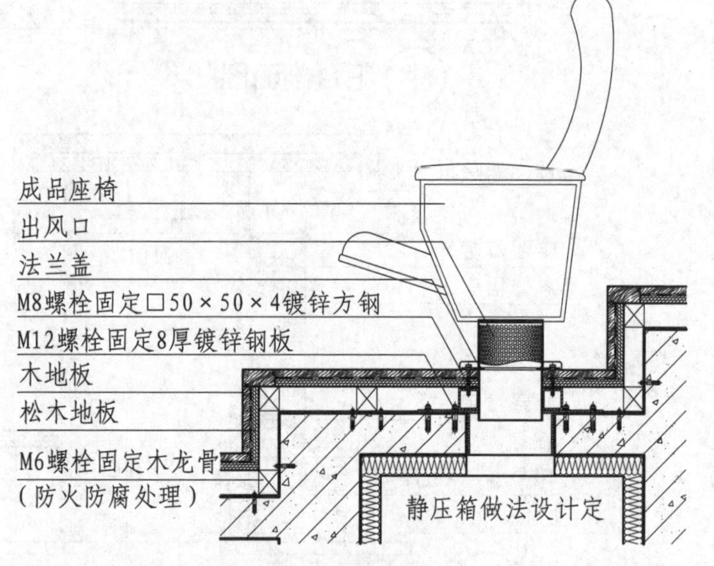

剧场座椅详图

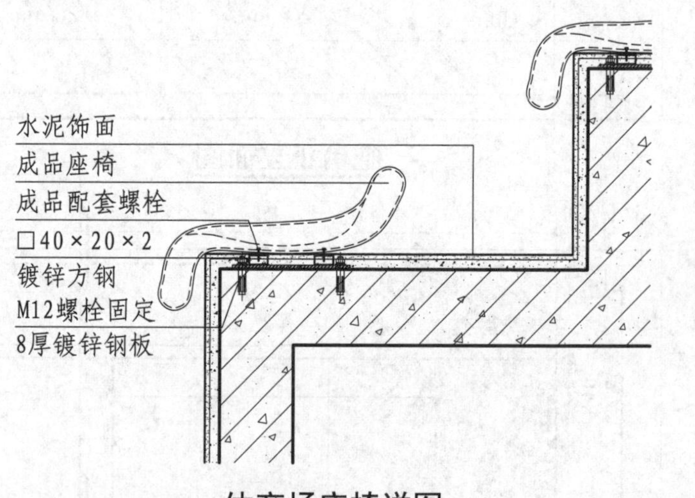

体育场座椅详图

座椅构造及安装							图集号	16J502-4
审核	饶良修	(签名)	校对	郭晓明	(签名)	设计	邸士武 (签名)	页 B05

会堂座椅实例图

电影院座椅实例图

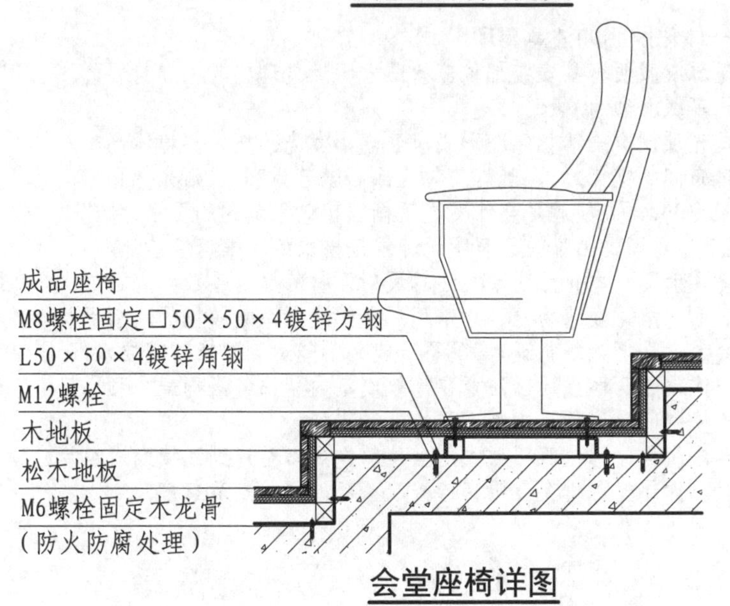

会堂座椅详图

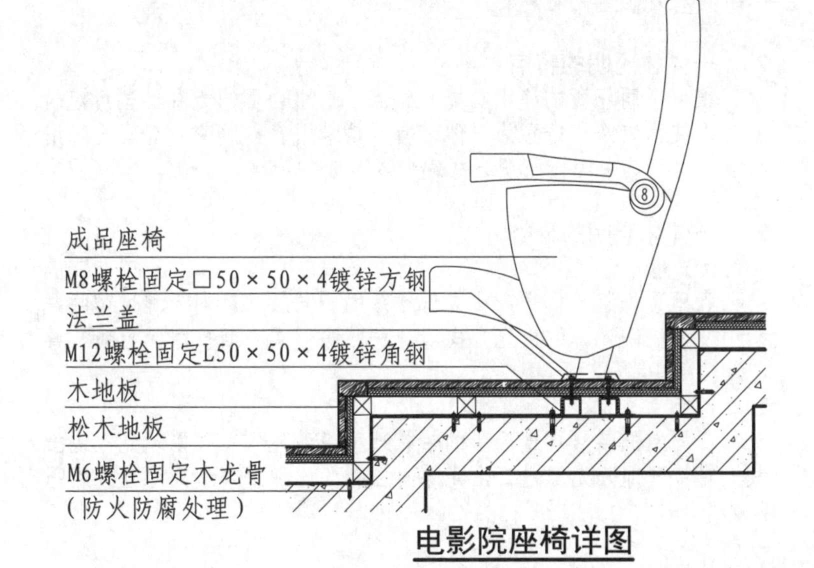

电影院座椅详图

座椅构造及安装							图集号	16J502-4
审核	饶良修	饶良修	校对	郭晓明	郭晓明	设计	邸士武 邸士武	页 B06

C 一体化照明说明

1 一体化照明

1.1 一体化照明是建筑或室内装饰装修构造与照明技术相结合的一种照明方式。将光源或照明器具安装在建筑或室内装饰装修构造中，利用折射原理将光反射出来，达到见光不见灯的照明效果。这种照明方式可以使照明成为整个室内装饰装修设计的有机组成部分，达到室内空间完整统一。

1.2 一体化照明是艺术照明的一种重要手段，是在满足基础照明前提下，向装饰艺术转化的体现。通过动静呼应，明暗搭配，利用折射光来渲染空间氛围，从而构建轻松、安宁、平静的多元空间环境，以增强室内空间艺术效果。

2 一体化照明的特点

根据不同场所的使用功能及特点，选用合适的光源类型与建筑或室内装饰装修构造融为一体，有些是采用直接照明，有些是采用间接照明，其中间接照明方式避免了眩光的产生。

3 一体化照明的分类

3.1 反光灯槽:

利用装饰装修构造产生高低错落的不同层次，对光源进行隐藏，利用造型控制光源的出光方向，此种照明形式为间接照明范畴，属于漫反射类型。

3.2 光带:

利用装饰装修构造产生的带状造型隐藏光源，并以遮光板或扩散板对带型部分光源进行出光方向控制，此种照明形式为直接照明范畴。

3.3 发光槽:

利用装饰装修构造产生的凹入造型，将光源隐藏于造型内，可为圆形、方形、矩形或其他造型，此种照明形式为间接照明范畴，属于漫反射类型。

3.4 发光顶棚:

即在顶棚上安装光源，在其下方安装漫反射型扩散材料（如乳白透明片、乳化透光张拉膜等）得到均匀扩散光的照明效果，此种照明形式为半直接照明范畴。

4 一体化照明的注意事项

4.1 光源或照明器具安装部位应有防火阻燃处理，其相邻材料的燃烧性能等级必须为A级。

4.2 发光顶棚类一体化照明形式应注意，发光顶棚内部箱体高度与光源排布间距宜为1:1，既灯箱体内部高度若为300，则光源排布间距也应为300，方能满足整体发光顶棚照明效果均匀的要求，除此之外，还应注意满足国家关于照明设计规范要求的功率密度值。

4.3 漫反射类一体化照明形式注意反射面材的反射系数不宜过低，材质表面光滑，浅色为佳。如采用深色或反射系数较低的反射面材，则将会大大降低光的折返率，既不节能又不能达到国家规范要求。

4.4 一体化照明形式还应注意在建筑或室内装饰装修构造中预留足够的检修空间，以便于内部光源检修及更换。

4.5 无论何种一体化照明形式，当外部光效需要达到连续或成组片效果时，内部光源排布应紧密连接，不得出现暗点及断痕。

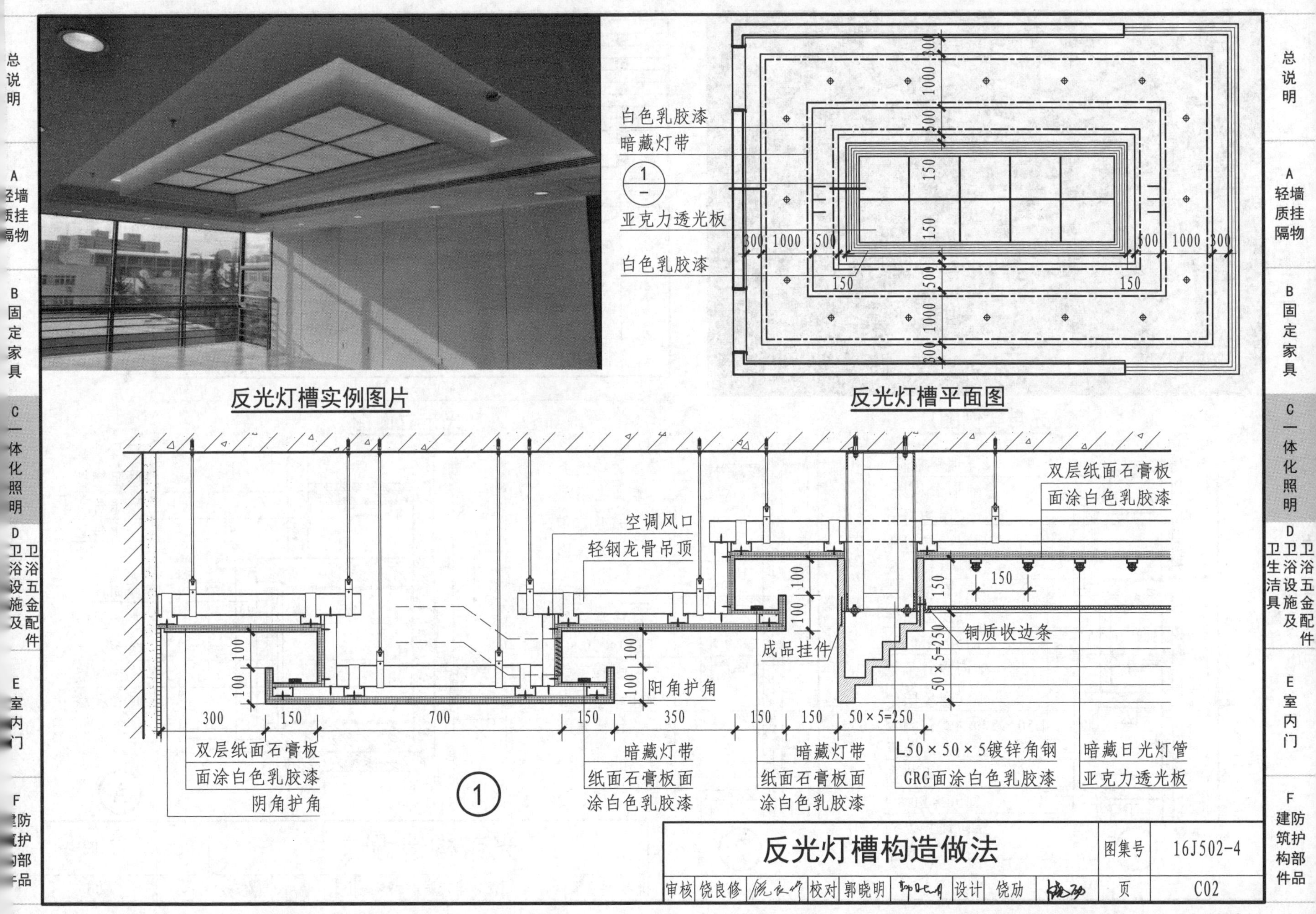

总说明
A 轻墙质挂隔物
B 固定家具
C 一体化照明
D 卫浴五金配件 卫生洁具设施及
E 室内门
F 建防筑护构部件品
反光灯槽实例图片
白色乳胶漆
暗藏灯带
1
亚克力透光板
白色乳胶漆
300 1000 500 150 150 500 1000 300
反光灯槽平面图
双层纸面石膏板
面涂白色乳胶漆
空调风口
轻钢龙骨吊顶
成品挂件
铜质收边条
阳角护角
50×5=250
300 150 700 150 350 150 150 50×5=250
双层纸面石膏板
面涂白色乳胶漆
阴角护角
暗藏灯带
纸面石膏板面
涂白色乳胶漆
暗藏灯带
纸面石膏板面
涂白色乳胶漆
L50×50×5镀锌角钢
GRG面涂白色乳胶漆
暗藏日光灯管
亚克力透光板
反光灯槽构造做法
图集号 16J502-4
审核 饶良修 校对 郭晓明 设计 饶劢 页 C02

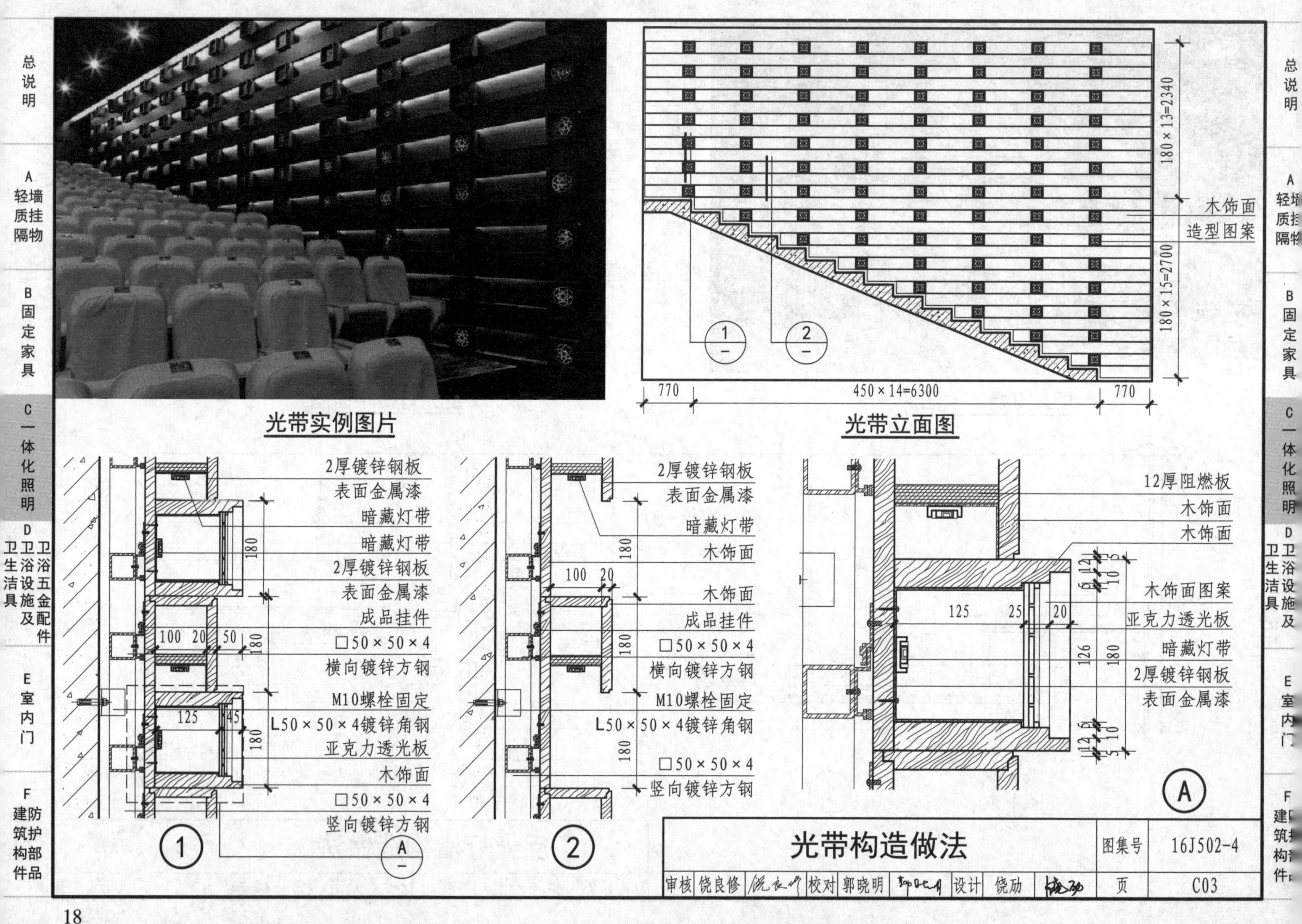

光带实例图片

光带立面图

光带构造做法

图集号	16J502-4
审核 饶良修 校对 郭晓明 设计 饶劢	页 C03

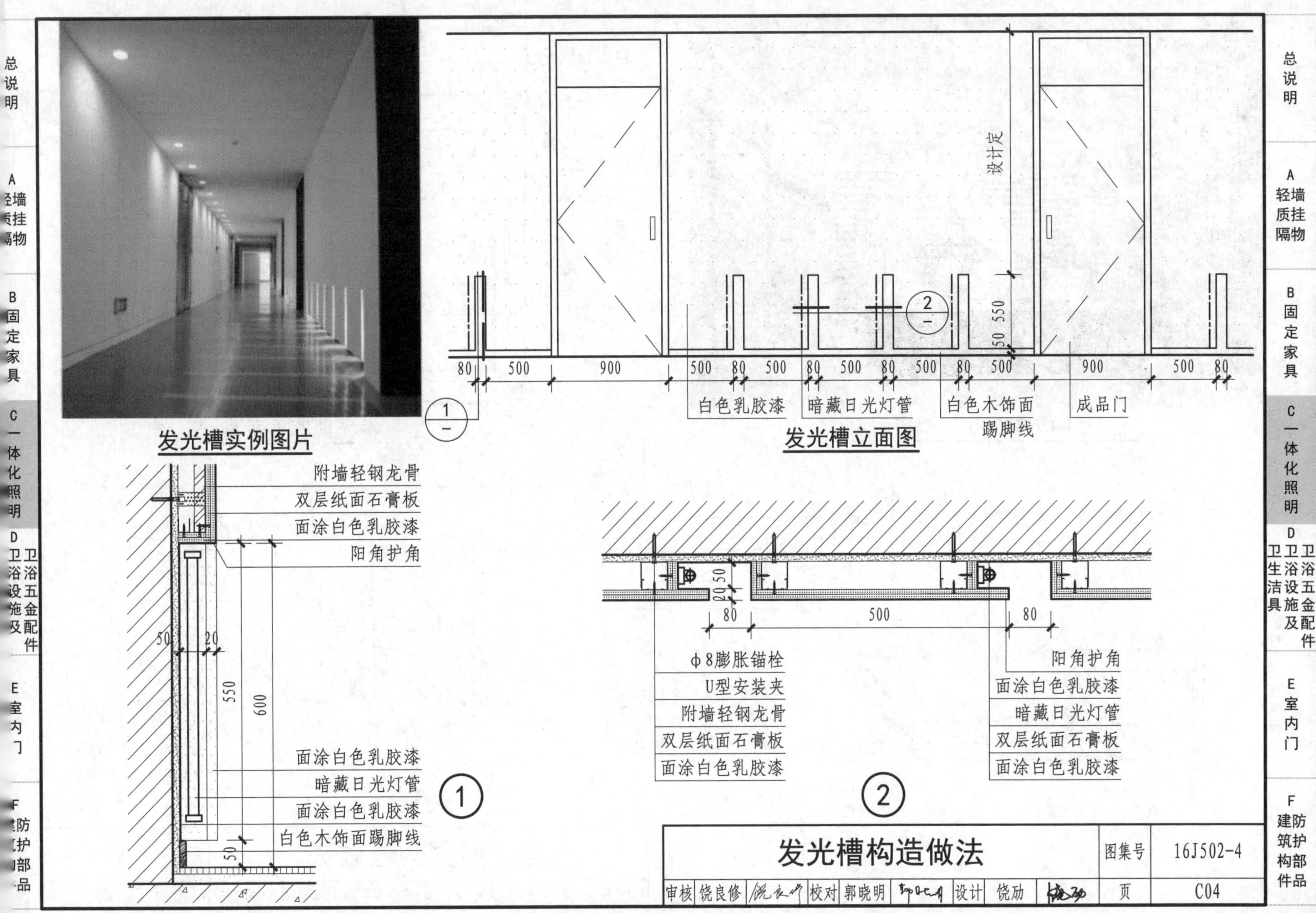

发光槽构造做法							图集号	16J502-4
审核	饶良修	[签名]	校对	郭晓明	[签名]	设计 饶劢 [签名]	页	C04

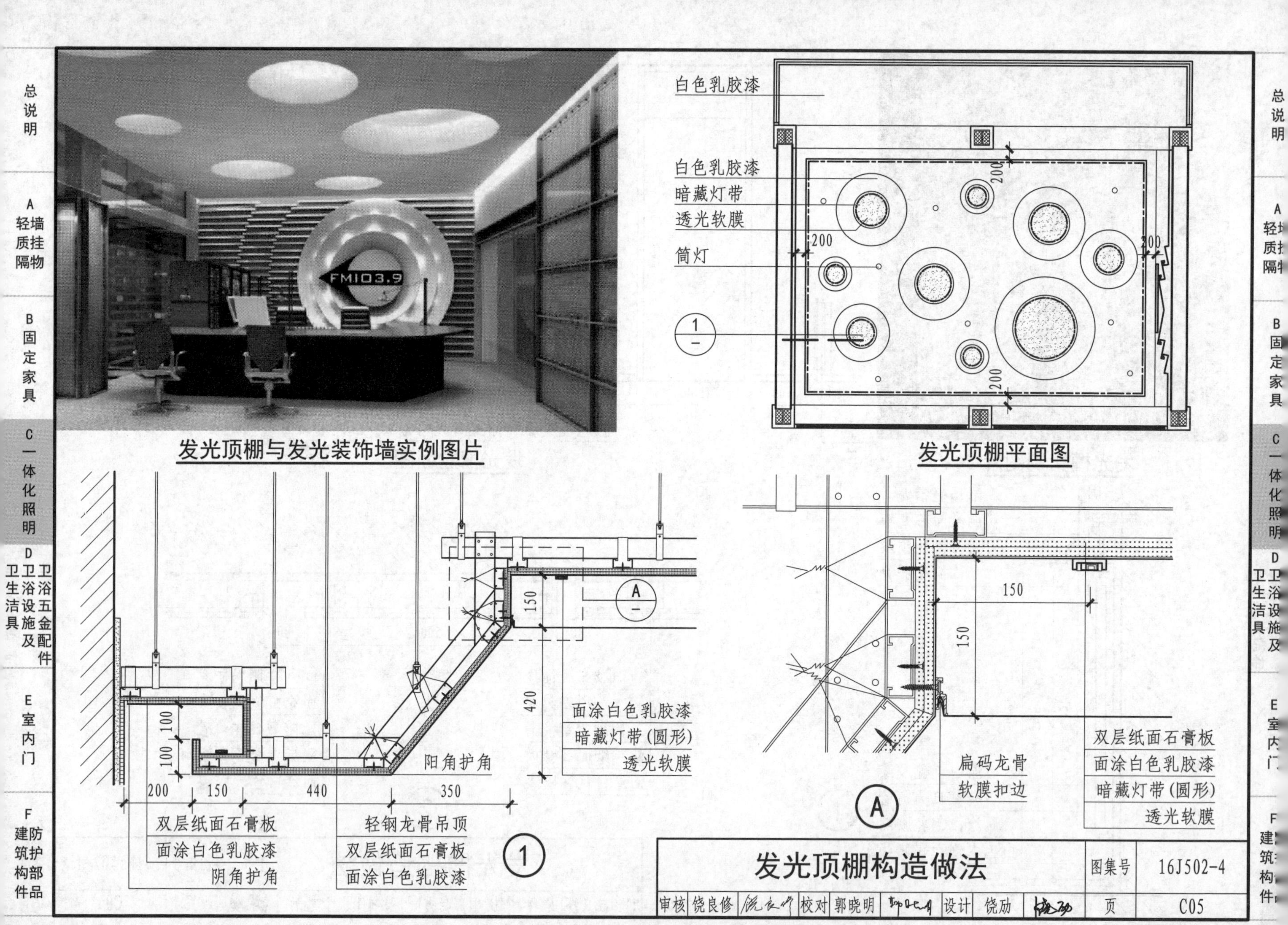

发光顶棚构造做法						图集号	16J502-4
审核	饶良修	校对	郭晓明	设计	饶劢	页	C05

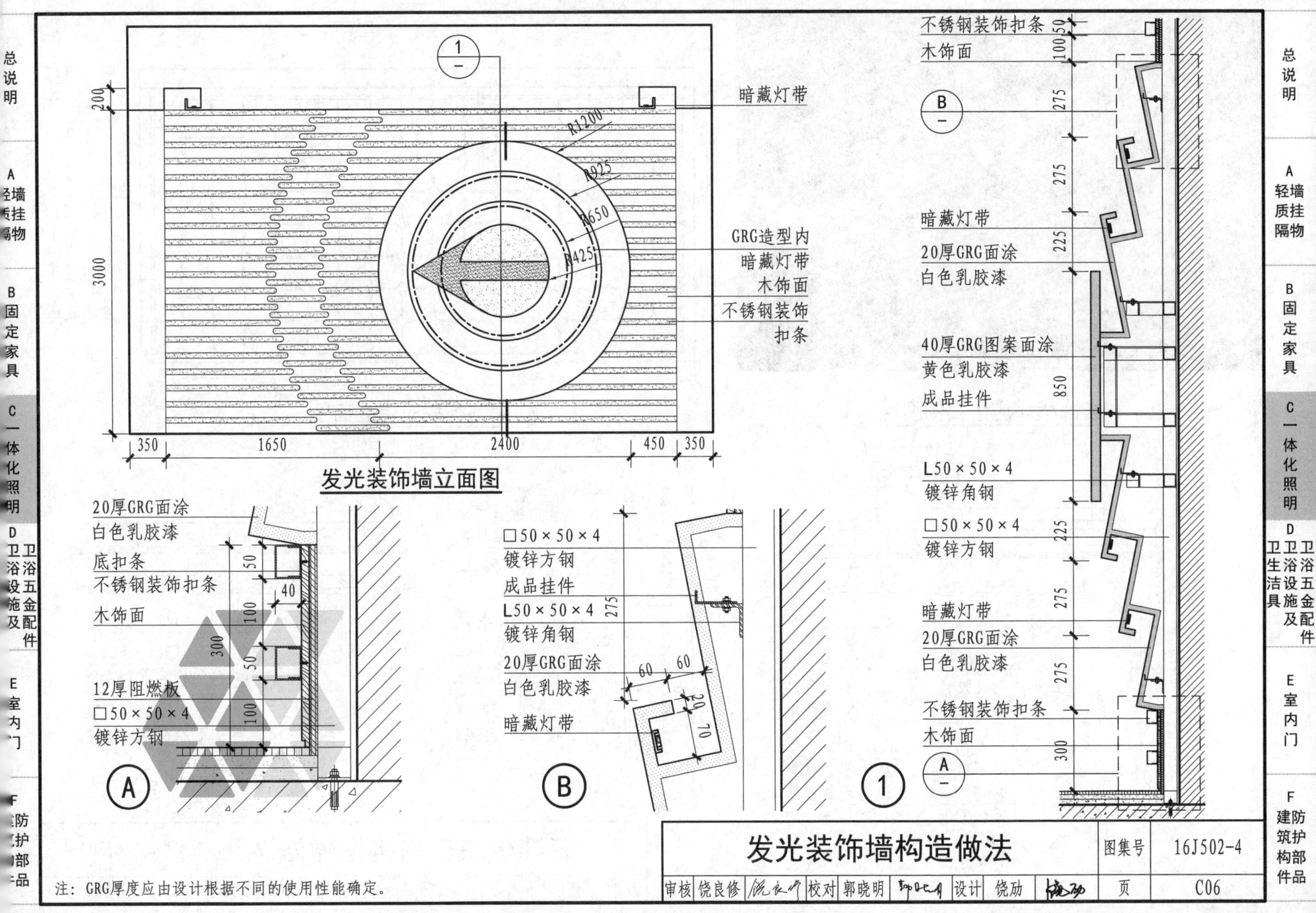

注：GRG厚度应由设计根据不同的使用性能确定。

发光装饰墙构造做法							图集号	16J502-4
审核	饶良修		校对	郭晓明		设计 饶劢	页	C06

装饰模块应用实例图片

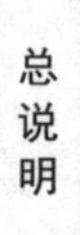

装饰模块应用立面图

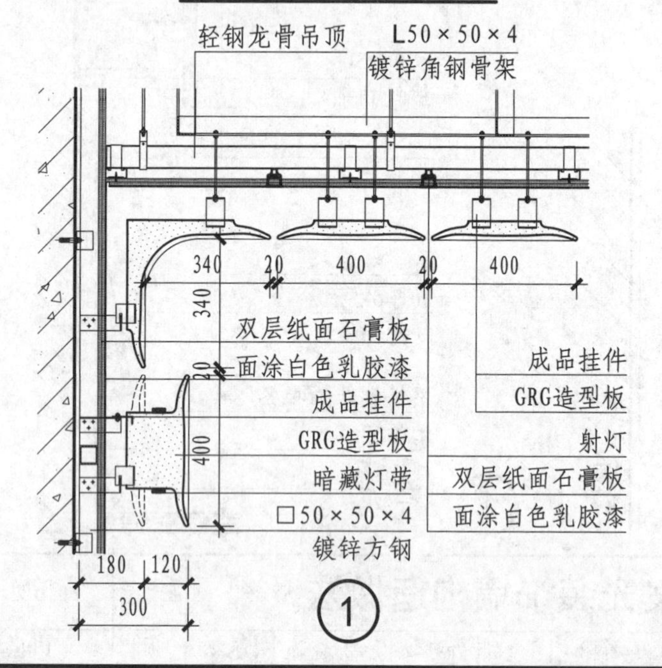

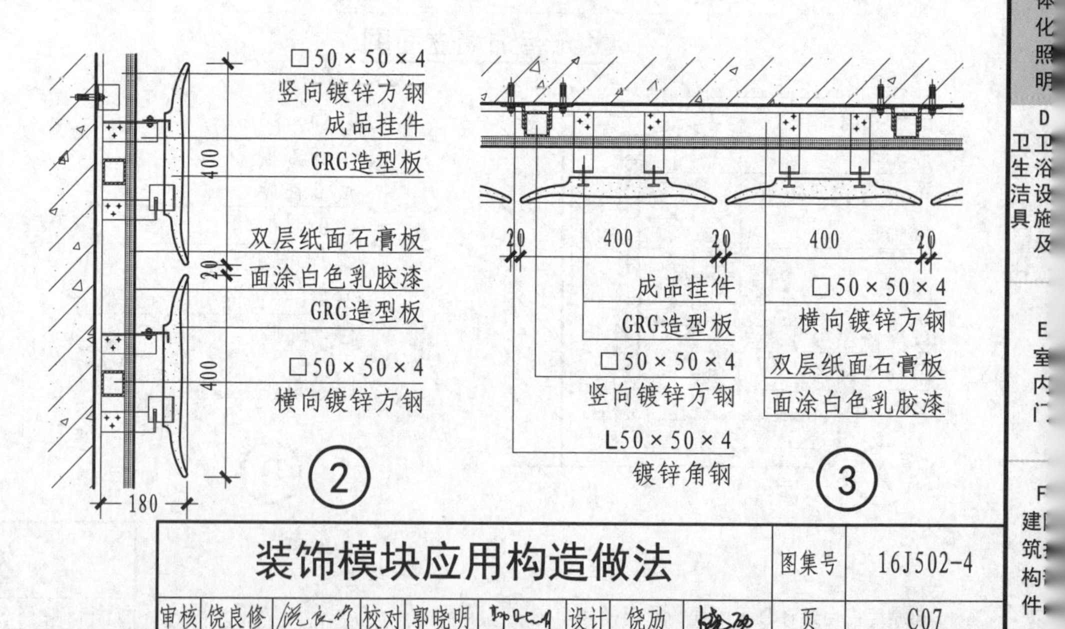

装饰模块应用构造做法								图集号	16J502-4
审核	饶良修	饶良修	校对	郭晓明	郭晓明	设计	饶劢	页	C07

D 卫生洁具、卫浴设施及卫浴五金配件说明

1 卫生洁具的功能

有排解功能、盥洗功能、化妆功能、洗浴功能、健康护理功能、人性化无障碍功能。

2 卫生洁具的类型

2.1 大便器：蹲便器、坐便器。
2.2 小便器：挂墙式小便器、落地式小便器。
2.3 洗面器：台板式洗面器、柱式洗面器、壁挂式洗面器。
2.4 净身器：又称妇洗器，现代马桶加装智能马桶盖替代妇洗器。
2.5 浴缸：普通浴缸、水按摩浴缸。
2.6 淋浴房：普通淋浴房、智能淋浴房。
2.7 桑拿房：干蒸桑拿房、湿蒸桑拿房。

3 卫生洁具的种类

3.1 蹲便器按冲洗方式可分为：冲洗阀式、水箱式（高水箱、背水箱）。冲洗阀和水箱又有明装、暗装之分；手动式与感应式之分。
3.2 坐便器按产品可分为：分体坐便器、连体坐便器、智能全自动电子坐便器；后排污坐便器与下排污坐便器；直冲式坐便器与虹吸式坐便器。
3.3 小便器按产品可分为：壁挂式小便器、立式小便器；感应式自动冲洗小便器与手动冲洗阀式小便器。
3.4 洗面器按产品可分为：台式洗面器、立柱式洗面器、壁挂式洗面器。
3.5 净身器按产品可分为：直喷式和下喷水式两大类。
3.6 浴缸按产品可分为：独立浴缸、有裙边浴缸、无裙边浴缸、气泡按摩浴缸（有裙边、无裙边）。
3.7 淋浴房按产品可分为：转角形淋浴房、一字形浴屏、圆弧形淋浴房、浴缸上浴屏等。
3.8 桑拿房按产品可分为：芬兰浴、土耳其浴、韩式汗蒸等。

4 卫浴五金配件

4.1 水暖五金配件：上下水管件、水喉龙头、阀门、地漏，大部分五金以部品的形式结合在卫浴洁具中，主要由给水、排水专业确定。
4.2 卫浴五金配件：主要由室内设计师选配。
4.2.1 卫浴五金配件分为：扶手杆、无障碍助力器、手纸箱、挂钩、毛巾杆、毛巾环、浴巾架、肥皂架、皂液器、卷纸器、烘手器、儿童椅、婴儿台、婴儿用更衣台等。

5 相关表格

卫生洁具选用表详见表D-1；卫浴设施选用表详见表D-2；卫浴五金配件选用表详见表D-3。

表D-1 卫生洁具选用表

手动式冲洗阀蹲便器	三视图	备注
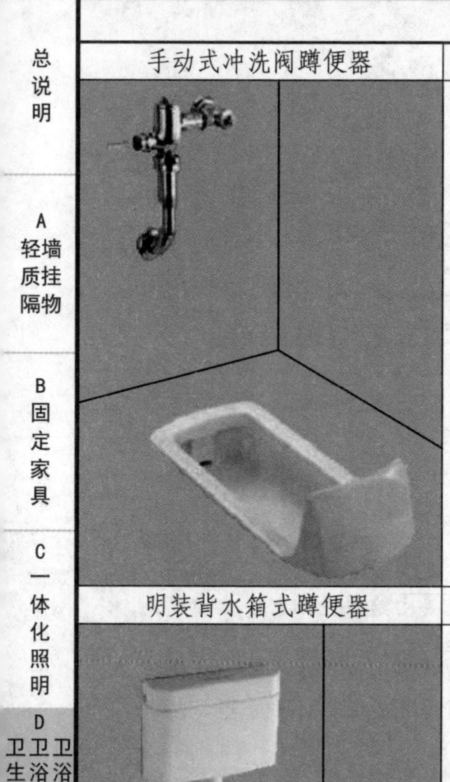	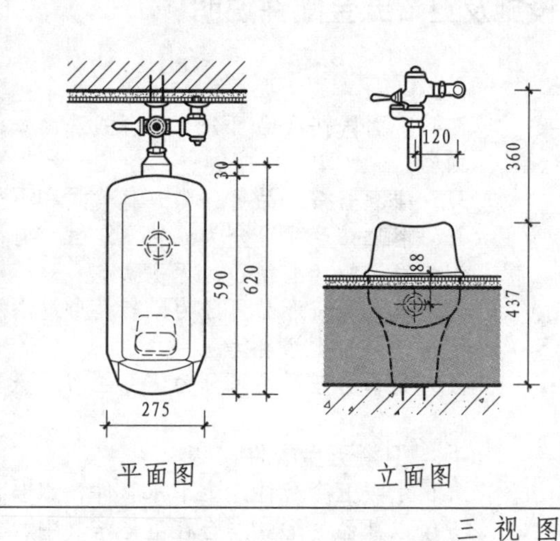 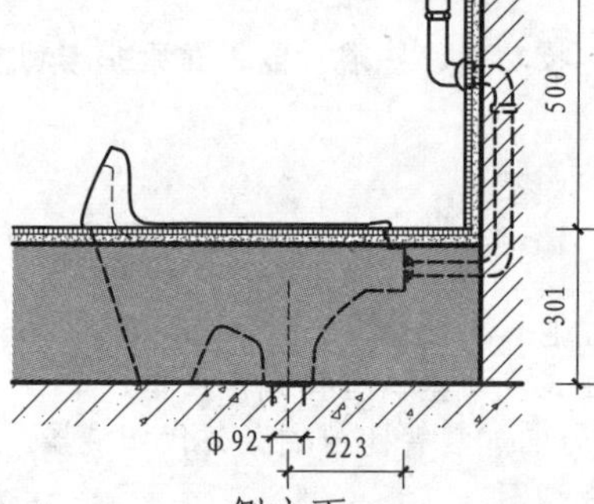 平面图 立面图 侧立面	1. 蹲便器冲洗阀通常分为外露式和隐蔽式两种。 2. 蹲便器排污方式分自带返水弯和不带返水弯两种，本图和下图均为自带存水弯的蹲便器。 3. 蹲便器排污口方向分前排和后排两种，本图为后排污蹲便器。 4. 蹲便器有不同形式及构造做法，可根据需要选择
明装背水箱式蹲便器	**三视图**	**备注**
	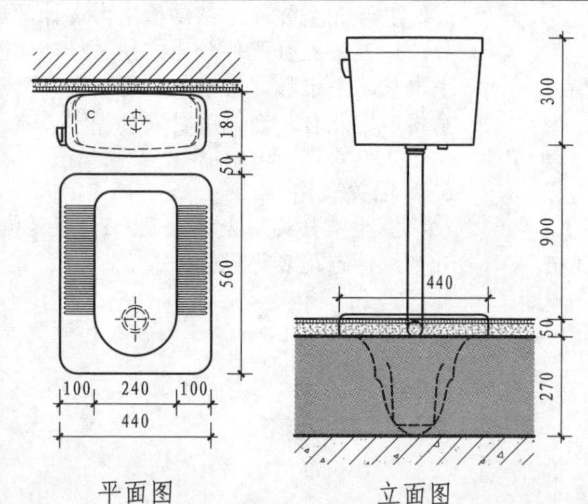 平面图 立面图 侧立面	1. 蹲便器水箱分高水箱和中水箱两种。 2. 蹲便器水箱分明装和暗装两种。 3. 蹲便器的其他分类同上

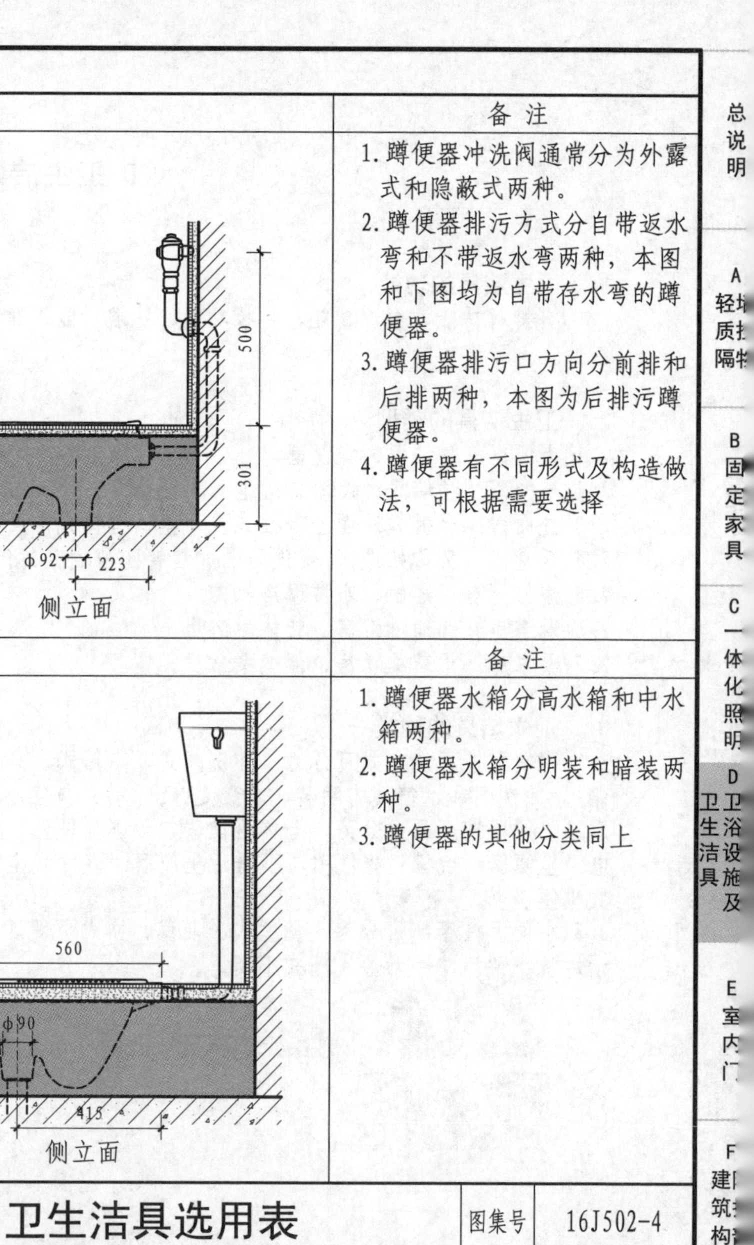

注：图中仅为示例尺寸，设计师应根据实际情况选择合适的卫生洁具。

卫生洁具选用表

图集号	16J502-4
审核 饶良修 校对 郭晓明 设计 谈星火	页 D02

续表D-1

分体式坐便器	三视图	备注
	平面图 立面图 侧立面	1. 坐便器分为分体式和连体式，本图为水箱和马桶分离方式。 2. 坐便器排污方式分墙排（后排、侧排）式和地排式两种。 3. 地排式坐便器作业图的安装距离尺寸，通常是指坐便器的排污管中心距离墙饰面尺寸，实际上墙面要进行贴瓷砖或大理石等。因装修厚度不同，在选择坐便器型号时，应考虑现场施工完成面厚度或提前在现场更改打洞距离。 4. 坐便器排水方式通常分冲落式和虹吸式两大类

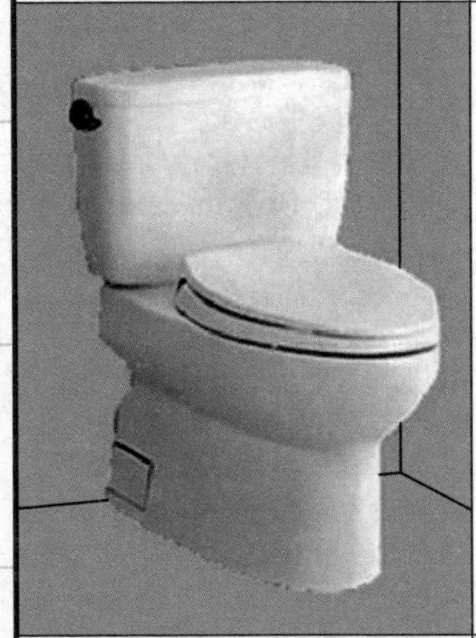

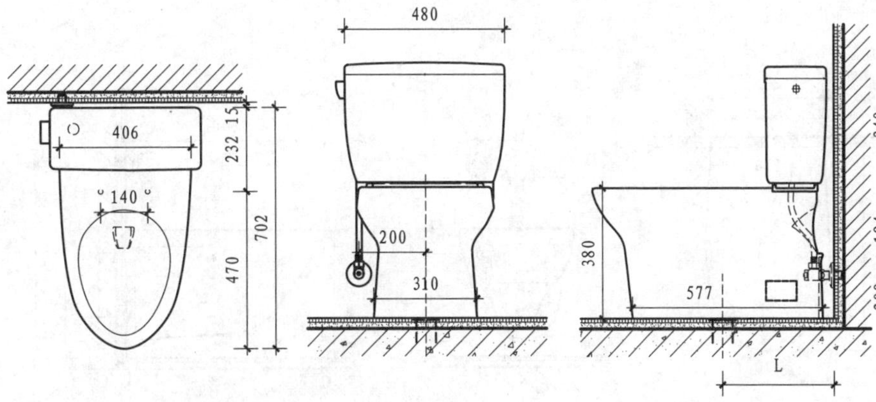

连体式坐便器	三视图	备注
	平面图 立面图 侧立面	1. 连体式坐便器在室内设计中应用广泛，他的冲洗方式大多采用虹吸式。虹吸式又分为冲落式虹吸、喷射式虹吸、旋涡式虹吸、双辅冲式虹吸四种。 2. 连体式坐便器配上智能微电脑马桶盖可以代替净身器使用，在一般的旅馆、家庭中使用广泛。 3. 坐便器配升降式坐便辅助器可供行动不方便者使用

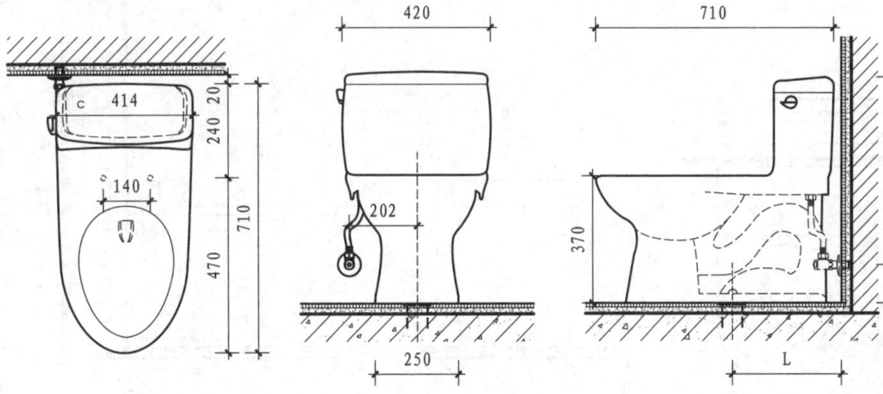

注：1. 坐便器坑距L=255、290、305、385和400。

2. 图中尺寸仅为示例尺寸，设计师可根据实际情况选择尺寸合适的卫生洁具。

卫生洁具选用表

图集号	16J502-4
页	D03

审核 饶良修 校对 郭晓明 设计 谈星火

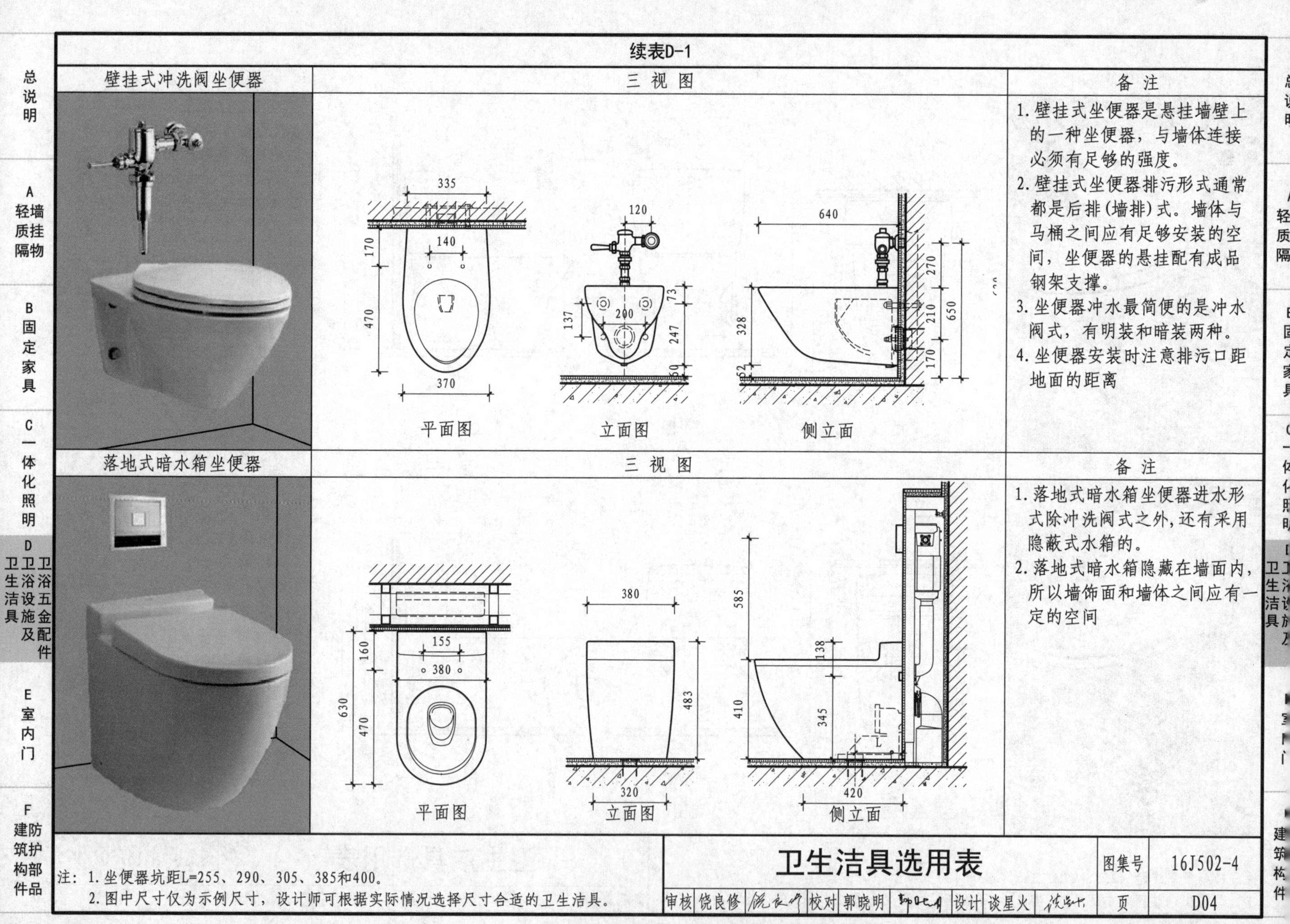

续表D-1

壁挂式冲洗阀坐便器	三视图	备注
	平面图 立面图 侧立面	1. 壁挂式坐便器是悬挂墙壁上的一种坐便器，与墙体连接必须有足够的强度。 2. 壁挂式坐便器排污形式通常都是后排（墙排）式。墙体与马桶之间应有足够安装的空间，坐便器的悬挂配有成品钢架支撑。 3. 坐便器冲水最简便的是冲水阀式，有明装和暗装两种。 4. 坐便器安装时注意排污口距地面的距离

落地式暗水箱坐便器	三视图	备注
	平面图 立面图 侧立面	1. 落地式暗水箱坐便器进水形式除冲洗阀式之外，还有采用隐蔽式水箱的。 2. 落地式暗水箱隐藏在墙面内，所以墙饰面和墙体之间应有一定的空间

注：1. 坐便器坑距L=255、290、305、385和400。
2. 图中尺寸仅为示例尺寸，设计师可根据实际情况选择尺寸合适的卫生洁具。

卫生洁具选用表

图集号	16J502-4
审核 饶良修	校对 郭晓明	设计 谈星火	页 D04

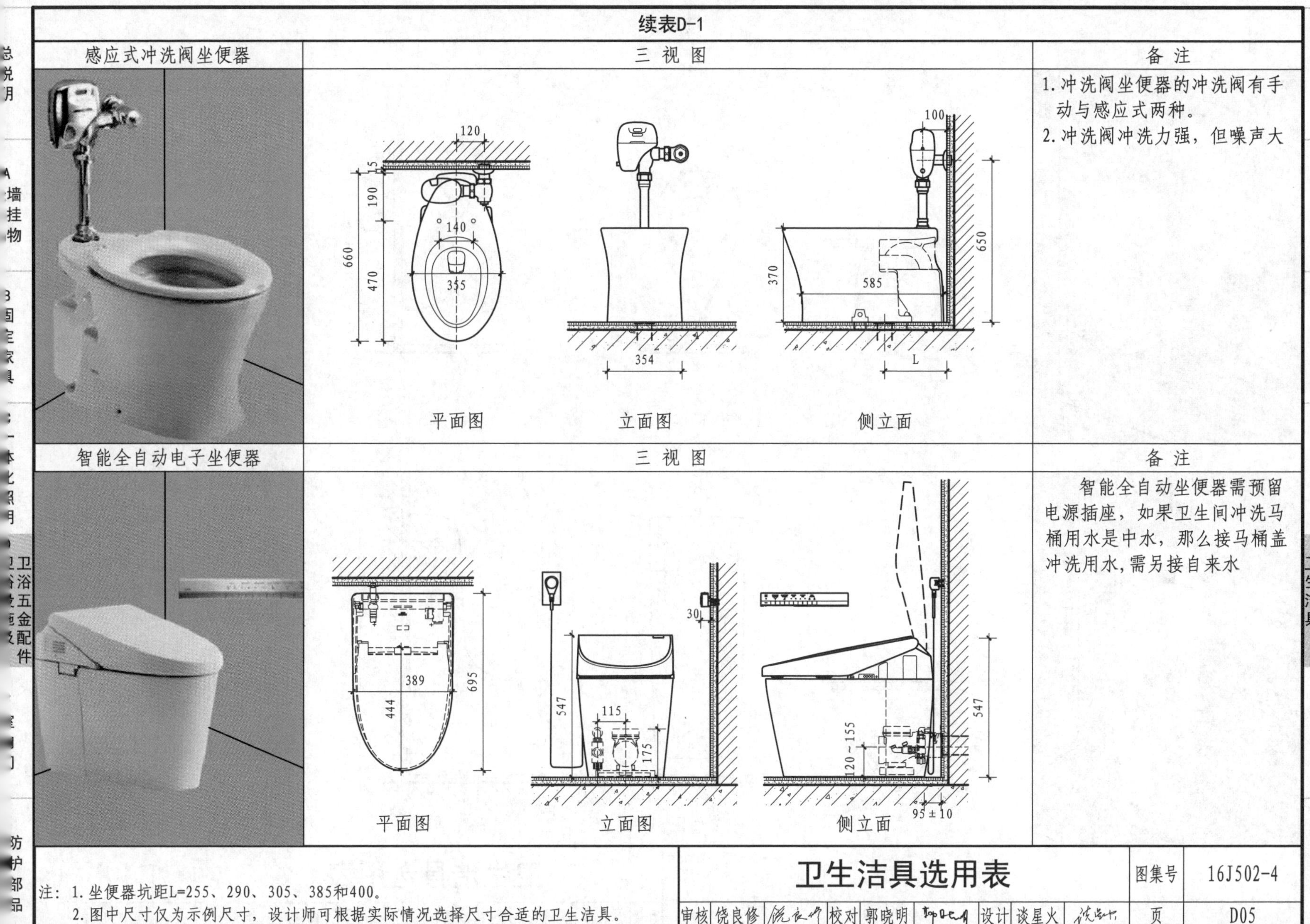
续表D-1
感应式冲洗阀坐便器
三 视 图
备 注
1. 冲洗阀坐便器的冲洗阀有手动与感应式两种。
2. 冲洗阀冲洗力强，但噪声大
120
5
190
660
470
140
355
354
100
650
370
585
L
平面图
立面图
侧立面
智能全自动电子坐便器
三 视 图
备 注
智能全自动坐便器需预留电源插座，如果卫生间冲洗马桶用水是中水，那么接马桶盖冲洗用水，需另接自来水
389
695
444
30
547
115
175
120~155
547
95±10
平面图
立面图
侧立面
注：1. 坐便器坑距L=255、290、305、385和400。
2. 图中尺寸仅为示例尺寸，设计师可根据实际情况选择尺寸合适的卫生洁具。
卫生洁具选用表
图集号
16J502-4
审核
饶良修
校对
郭晓明
设计
谈星火
页
D05
总说明
A 轻质隔墙挂物
B 固定家具
C 一体化照明
D 卫生洁具 卫浴设施 卫浴五金配件
E 室内门
F 建筑构件 防护部品

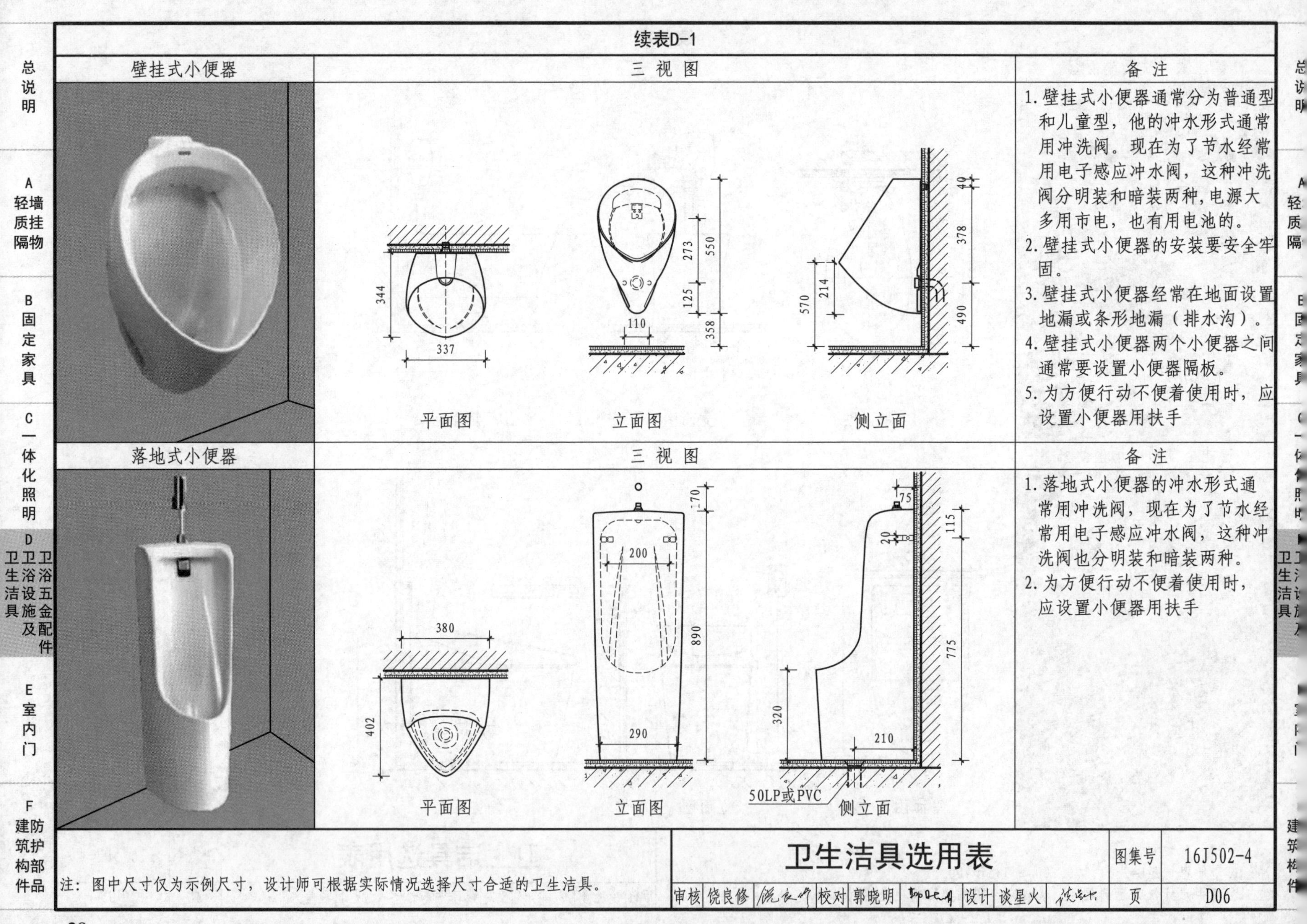
续表D-1
壁挂式小便器
三 视 图
备 注
1.壁挂式小便器通常分为普通型和儿童型，他的冲水形式通常用冲洗阀。现在为了节水经常用电子感应冲水阀，这种冲洗阀分明装和暗装两种，电源大多用市电，也有用电池的。
2.壁挂式小便器的安装要安全牢固。
3.壁挂式小便器经常在地面设置地漏或条形地漏（排水沟）。
4.壁挂式小便器两个小便器之间通常要设置小便器隔板。
5.为方便行动不便着使用时，应设置小便器用扶手
344
337
273
550
125
110
358
40
378
570
214
490
平面图
立面图
侧立面
落地式小便器
三 视 图
备 注
1.落地式小便器的冲水形式通常用冲洗阀，现在为了节水经常用电子感应冲水阀，这种冲洗阀也分明装和暗装两种。
2.为方便行动不便着使用时，应设置小便器用扶手
380
402
70
200
890
290
75
115
20
775
320
210
50LP或PVC
平面图
立面图
侧立面
总说明
A 轻墙质挂隔物
B 固定家具
C 一体化照明
D 卫卫卫生浴浴洁设五具施金及配件
E 室内门
F 建防筑护构部件品
注：图中尺寸仅为示例尺寸，设计师可根据实际情况选择尺寸合适的卫生洁具。
卫生洁具选用表
图集号
16J502-4
审核
饶良修
校对
郭晓明
设计
谈星火
页
D06

续表D-1

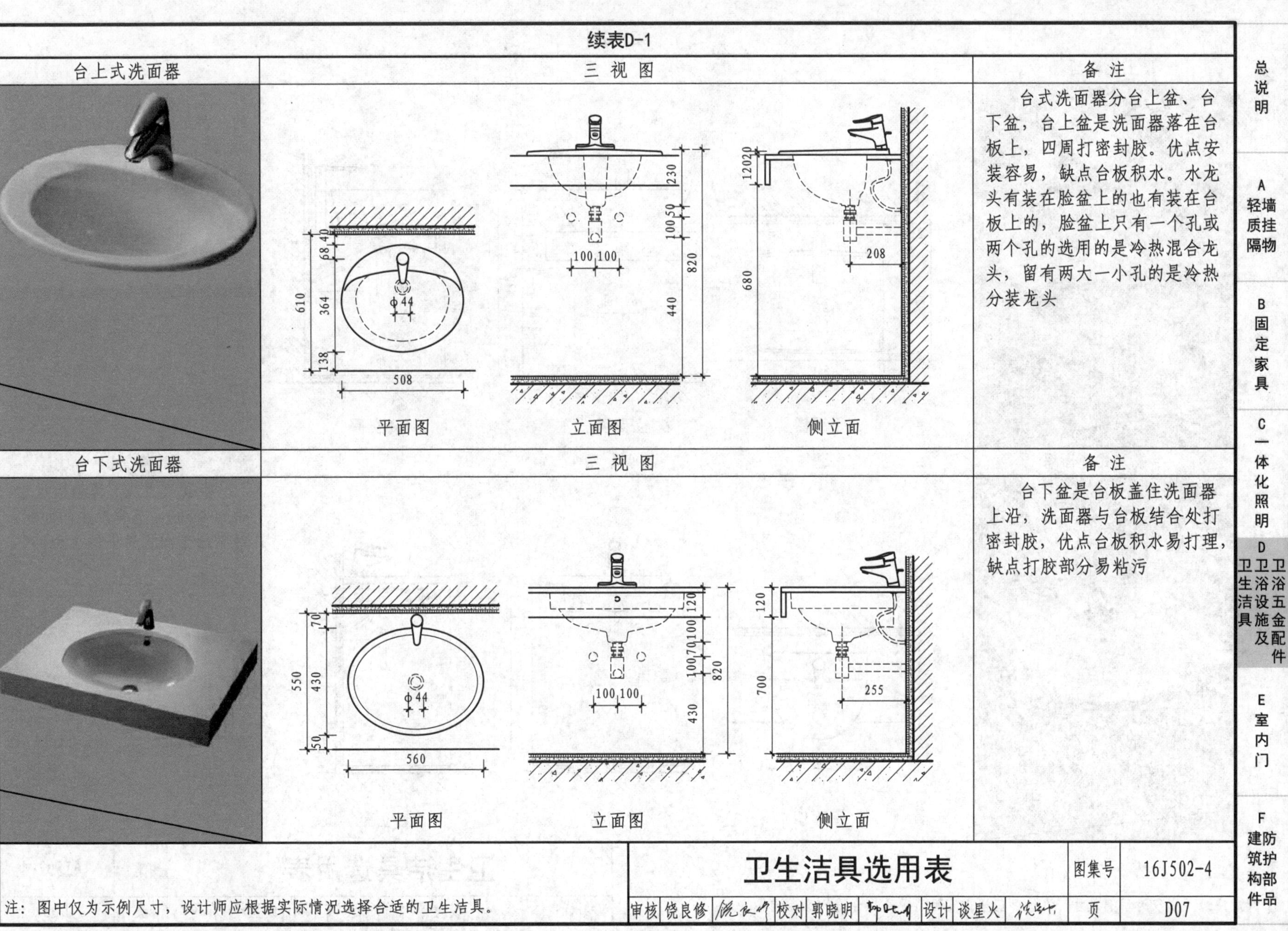

台上式洗面器

备注

台式洗面器分台上盆、台下盆，台上盆是洗面器落在台板上，四周打密封胶。优点安装容易，缺点台板积水。水龙头有装在脸盆上的也有装在台板上的，脸盆上只有一个孔或两个孔的选用的是冷热混合龙头，留有两大一小孔的是冷热分装龙头

台下式洗面器

备注

台下盆是台板盖住洗面器上沿，洗面器与台板结合处打密封胶，优点台板积水易打理，缺点打胶部分易粘污

注：图中仅为示例尺寸，设计师应根据实际情况选择合适的卫生洁具。

卫生洁具选用表	图集号	16J502-4
审核 饶良修 校对 郭晓明 设计 谈星火	页	D07

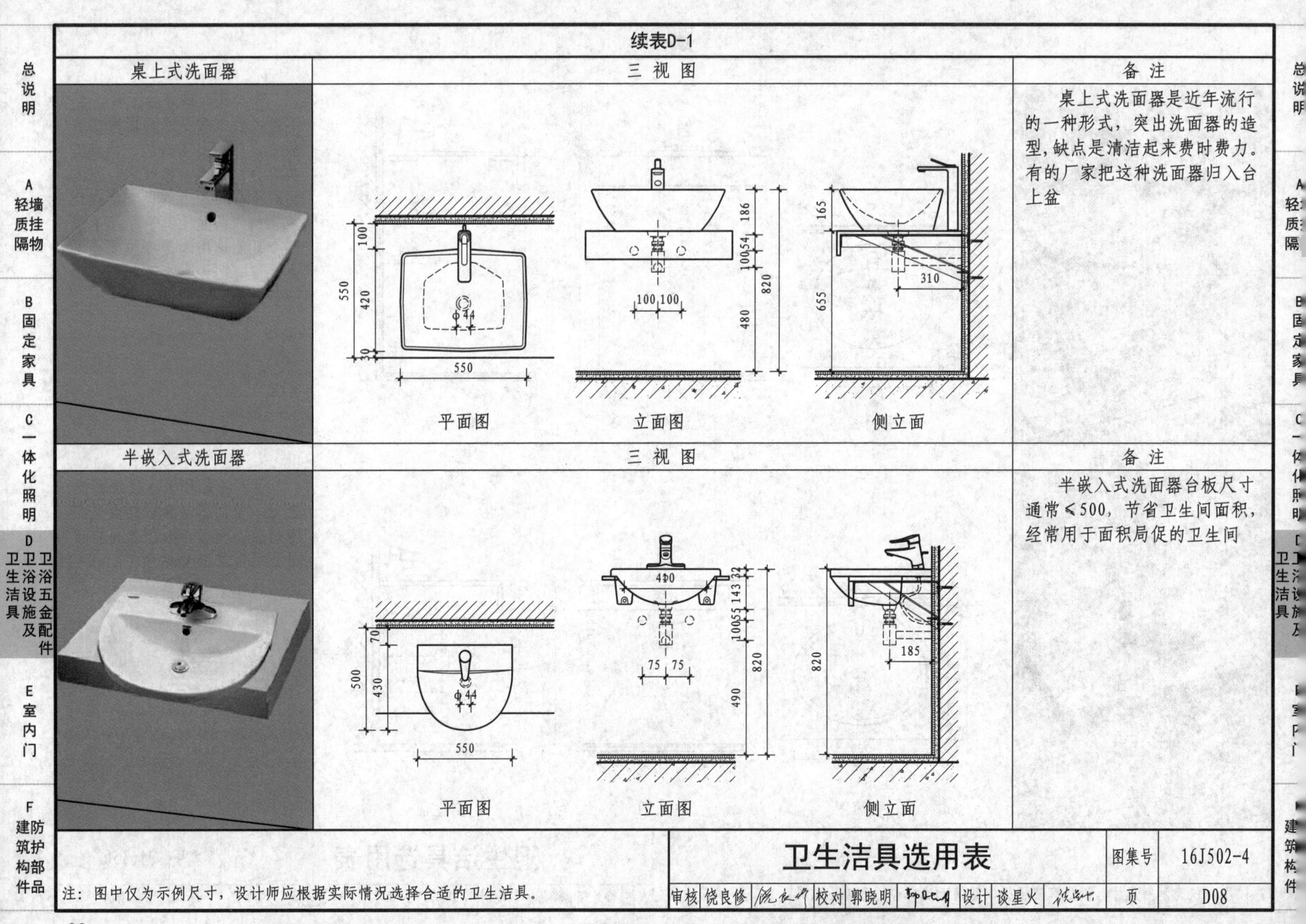

续表D-1

桌上式洗面器	三视图	备注
	平面图　立面图　侧立面	桌上式洗面器是近年流行的一种形式，突出洗面器的造型，缺点是清洁起来费时费力。有的厂家把这种洗面器归入台上盆

半嵌入式洗面器	三视图	备注
	平面图　立面图　侧立面	半嵌入式洗面器台板尺寸通常≤500，节省卫生间面积，经常用于面积局促的卫生间

注：图中仅为示例尺寸，设计师应根据实际情况选择合适的卫生洁具。

卫生洁具选用表		图集号	16J502-4
审核 饶良修	校对 郭晓明	设计 谈星火	页 D08

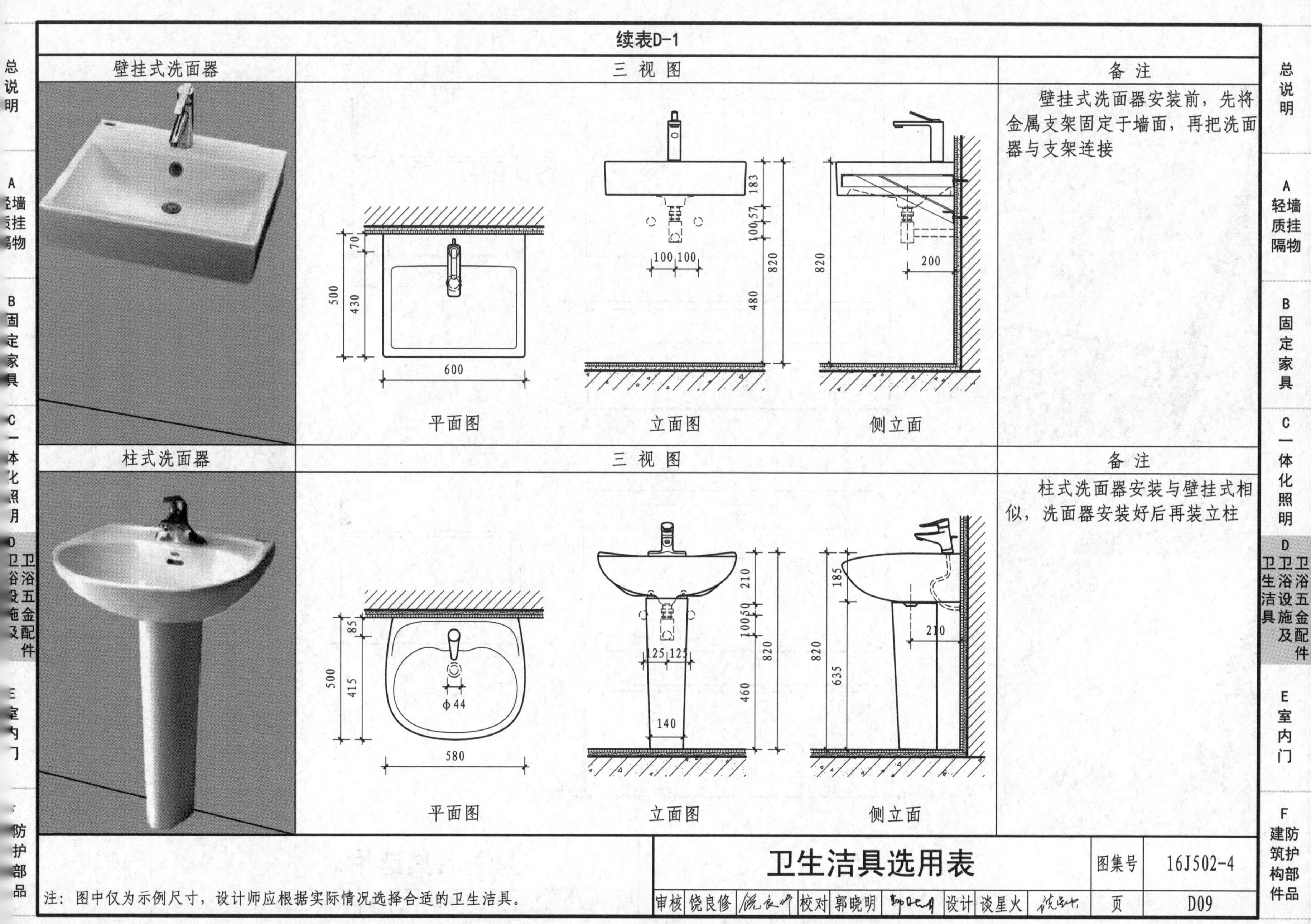

续表D-1
壁挂式洗面器
三 视 图
备 注
壁挂式洗面器安装前，先将金属支架固定于墙面，再把洗面器与支架连接
70
430
500
600
183
57
100
100 100
820
480
820
200
平面图
立面图
侧立面
柱式洗面器
三 视 图
备 注
柱式洗面器安装与壁挂式相似，洗面器安装好后再装立柱
85
415
500
φ44
580
210
100
50
125 125
820
460
140
185
210
820
635
平面图
立面图
侧立面
注：图中仅为示例尺寸，设计师应根据实际情况选择合适的卫生洁具。
卫生洁具选用表
图集号
16J502-4
审核 饶良修
校对 郭晓明
设计 谈星火
页
D09
总说明
A 轻墙质挂隔物
B 固定家具
C 一体化照明
D 卫浴五金配件 卫浴设施及 卫生洁具
E 室内门
F 建防筑护构部件品

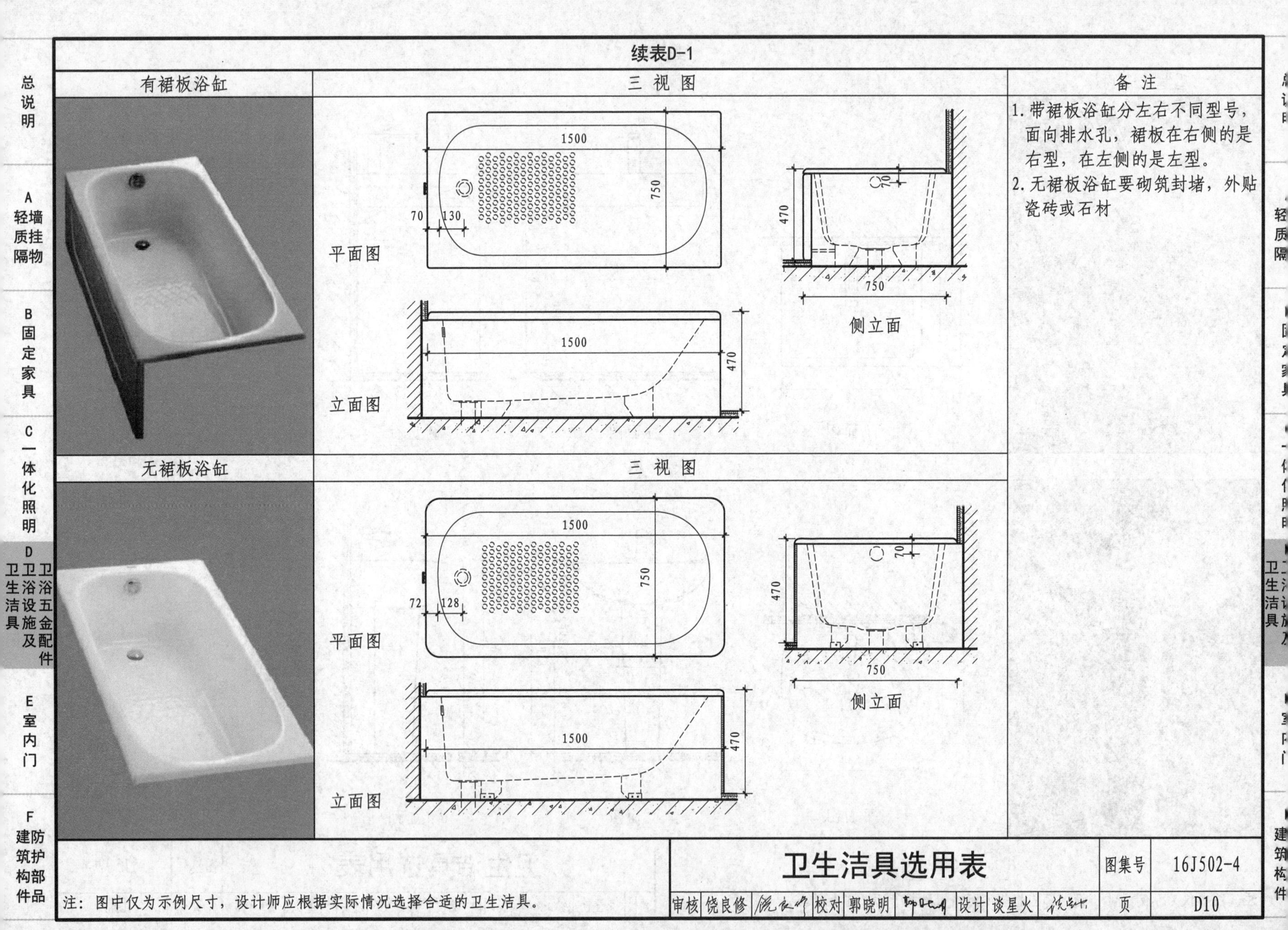

续表D-1

有裙板浴缸	三视图	备注
	平面图 立面图 侧立面	1. 带裙板浴缸分左右不同型号，面向排水孔，裙板在右侧的是右型，在左侧的是左型。 2. 无裙板浴缸要砌筑封堵，外贴瓷砖或石材
无裙板浴缸	三视图	
	平面图 立面图 侧立面	

注：图中仅为示例尺寸，设计师应根据实际情况选择合适的卫生洁具。

卫生洁具选用表

审核	饶良修	校对	郭晓明	设计	谈星火	图集号	16J502-4
						页	D10

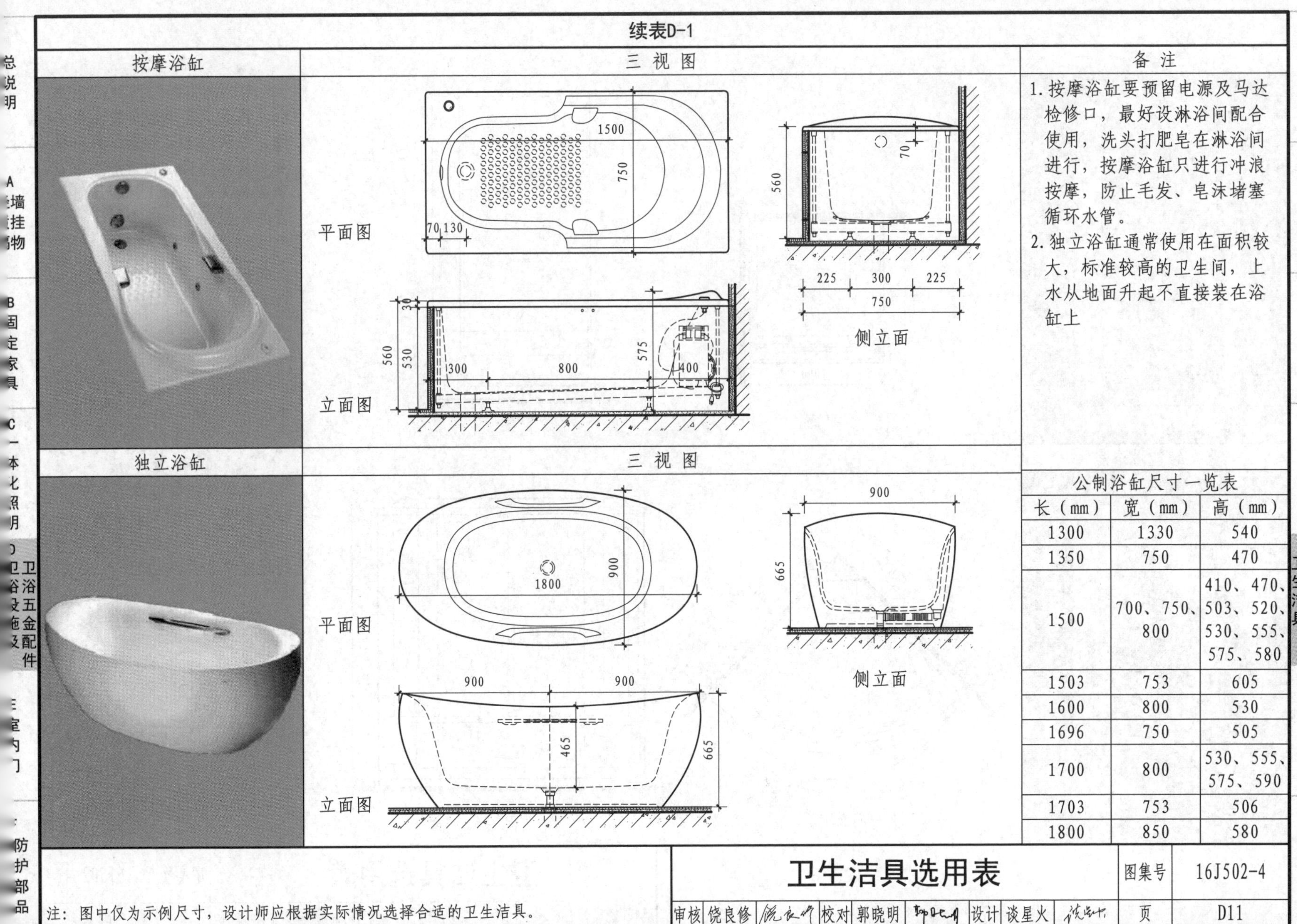

续表D-1

按摩浴缸

三视图

独立浴缸

三视图

备注

1. 按摩浴缸要预留电源及马达检修口，最好设淋浴间配合使用，洗头打肥皂在淋浴间进行，按摩浴缸只进行冲浪按摩，防止毛发、皂沫堵塞循环水管。
2. 独立浴缸通常使用在面积较大，标准较高的卫生间，上水从地面升起不直接装在浴缸上

公制浴缸尺寸一览表

长（mm）	宽（mm）	高（mm）
1300	1330	540
1350	750	470
1500	700、750、800	410、470、503、520、530、555、575、580
1503	753	605
1600	800	530
1696	750	505
1700	800	530、555、575、590
1703	753	506
1800	850	580

注：图中仅为示例尺寸，设计师应根据实际情况选择合适的卫生洁具。

卫生洁具选用表

图集号	16J502-4
页	D11

审核 饶良修 校对 郭晓明 设计 谈星火

续表D-1

普通淋浴	二视图	备注
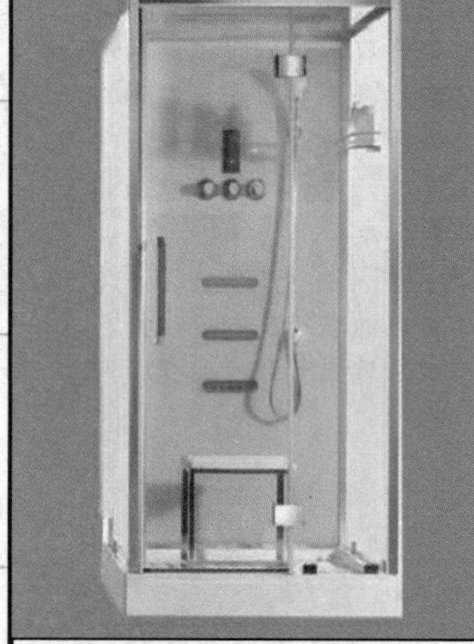	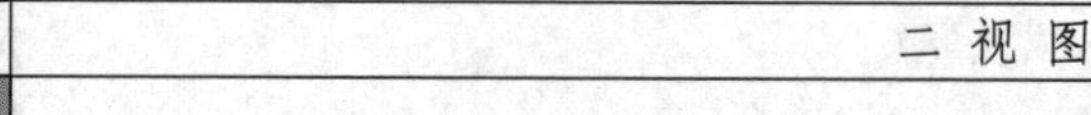 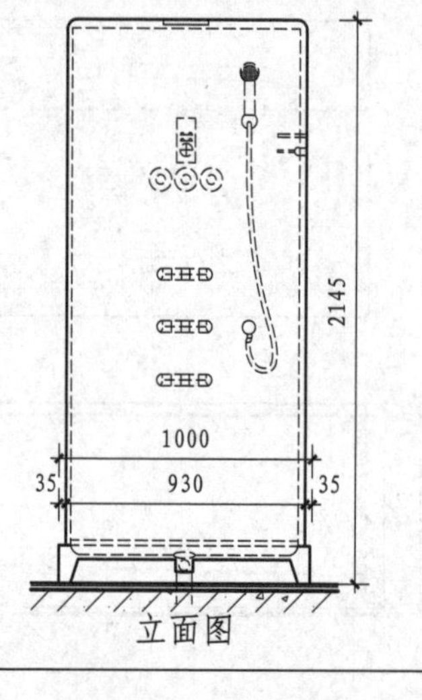	普通淋浴房分两种，一种如本图是成品淋浴房带底盘有顶，在顶面上装浴霸，另一种是简搭淋浴房，根据浴室布置，选择构件厂家加工，现场组装，通常没有顶盖和底盘
豪华智能淋浴房	二视图	备注
	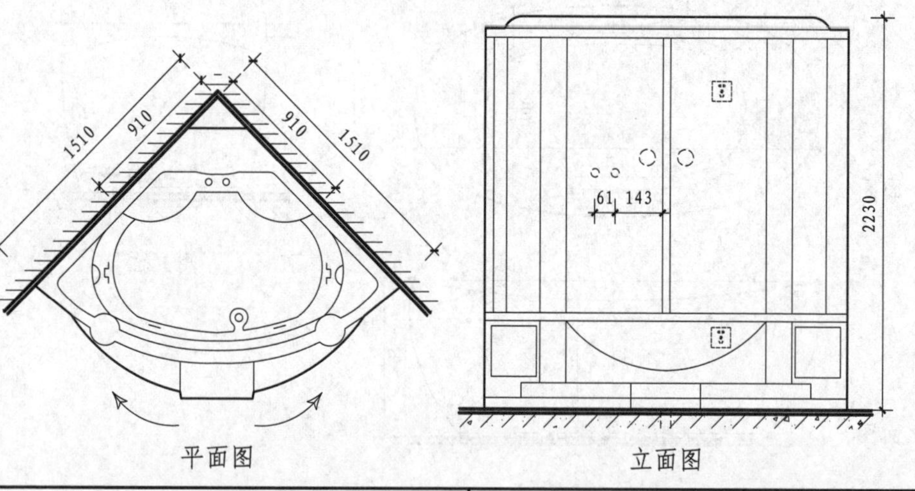	豪华智能整体淋浴房规格型号较多，一般不能定做，价格较高，有多种喷淋形式，有的还有桑拿蒸汽功能

注：图中仅为示例尺寸，设计师应根据实际情况选择合适的卫生洁具。

卫生洁具选用表						图集号	16J502-4
审核	饶良修	校对	郭晓明	设计	谈星火	页	D12

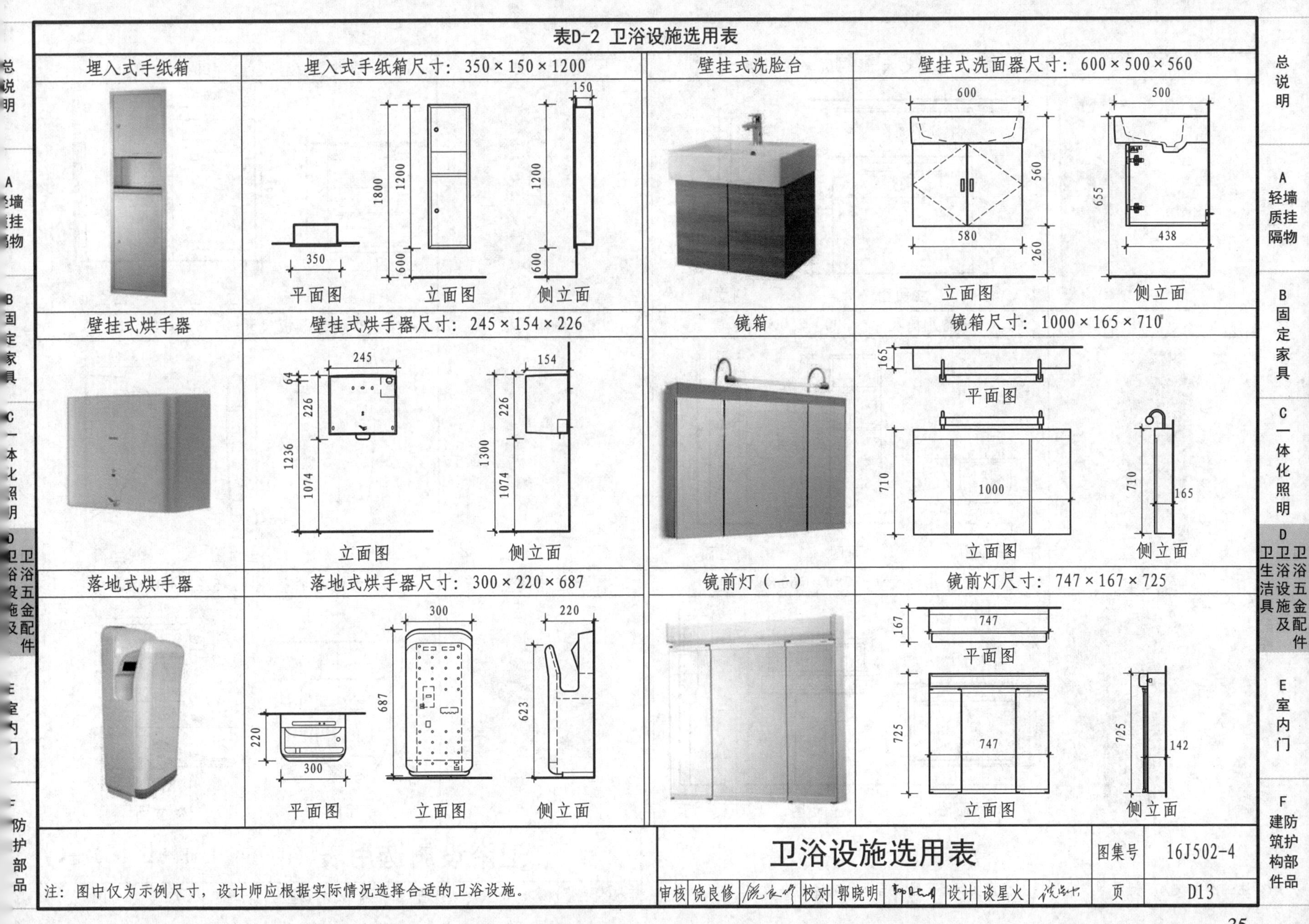

表D-2 卫浴设施选用表
埋入式手纸箱
埋入式手纸箱尺寸：350×150×1200
350
平面图
1800
1200
600
立面图
150
侧立面
壁挂式洗脸台
壁挂式洗面器尺寸：600×500×560
600
580
560
655
260
立面图
500
438
侧立面
壁挂式烘手器
壁挂式烘手器尺寸：245×154×226
245
64
226
1236
1074
立面图
154
1300
侧立面
镜箱
镜箱尺寸：1000×165×710
165
平面图
710
1000
立面图
侧立面
落地式烘手器
落地式烘手器尺寸：300×220×687
220
300
平面图
687
立面图
623
侧立面
镜前灯（一）
镜前灯尺寸：747×167×725
167
747
平面图
725
立面图
142
侧立面
卫浴设施选用表
图集号
16J502-4
注：图中仅为示例尺寸，设计师应根据实际情况选择合适的卫浴设施。
审核
饶良修
校对
郭晓明
设计
谈星火
页
D13
总说明
A 轻质隔墙挂物
B 固定家具
C 一体化照明
D 卫生洁具 卫浴设施 卫浴五金配件
E 室内门
F 建筑构件 防护部品
35

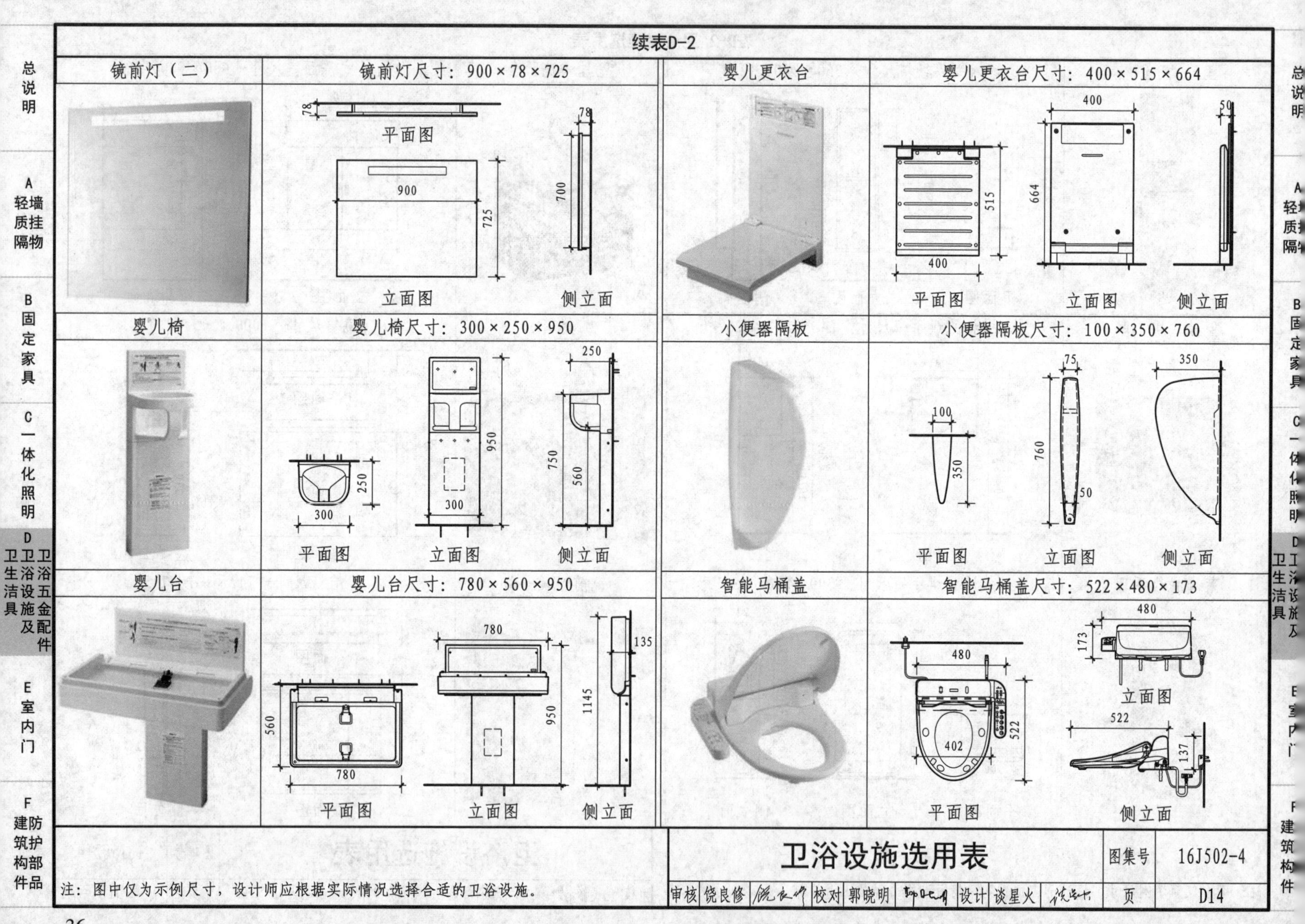
续表D-2
镜前灯（二）
镜前灯尺寸：900×78×725
婴儿更衣台
婴儿更衣台尺寸：400×515×664
平面图
立面图
侧立面
婴儿椅
婴儿椅尺寸：300×250×950
小便器隔板
小便器隔板尺寸：100×350×760
婴儿台
婴儿台尺寸：780×560×950
智能马桶盖
智能马桶盖尺寸：522×480×173
总说明
A 轻质隔墙挂物
B 固定家具
C 一体化照明
D 卫生洁具 卫浴设施 卫浴五金及配件
E 室内门
F 建筑防护构部件品
卫浴设施选用表
图集号 16J502-4
审核 饶良修
校对 郭晓明
设计 谈星火
页 D14
注：图中仅为示例尺寸，设计师应根据实际情况选择合适的卫浴设施。

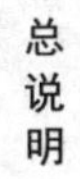

续表D-2

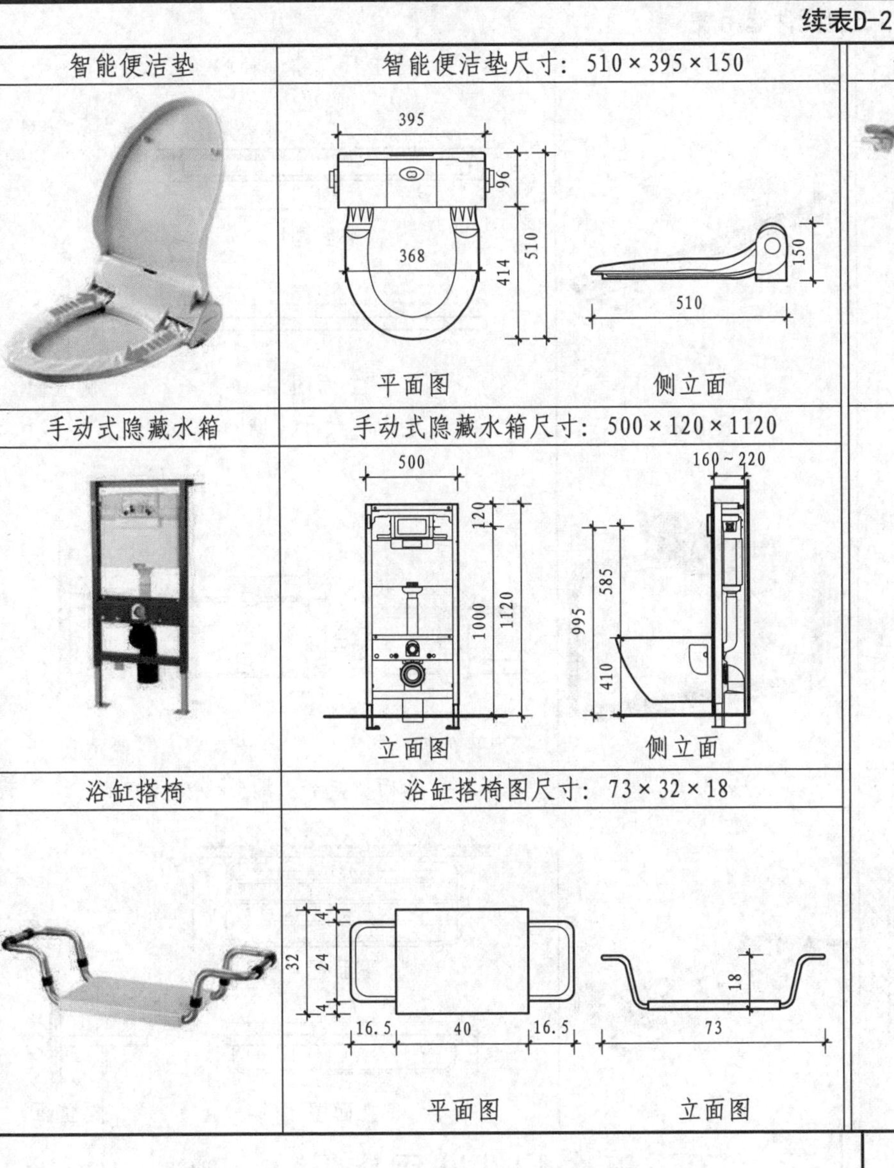

智能便洁垫	智能便洁垫尺寸：510×395×150
手动式隐藏水箱	手动式隐藏水箱尺寸：500×120×1120
浴缸搭椅	浴缸搭椅图尺寸：73×32×18

升降式坐便辅助器	升降式坐便辅助器尺寸 倾斜升降时：647×75-689×600-718 垂直升降时：647×575-589×600-717

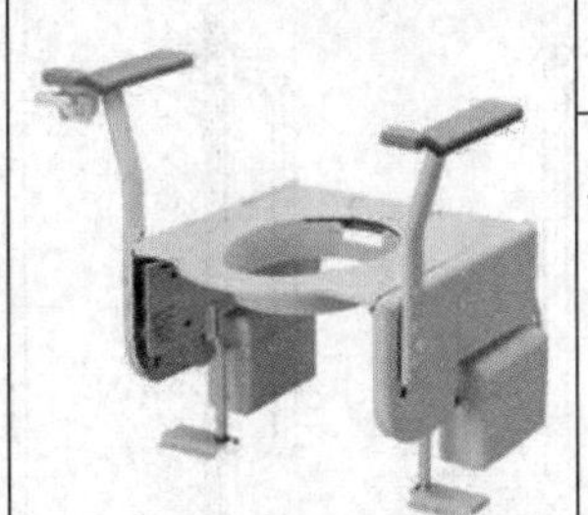

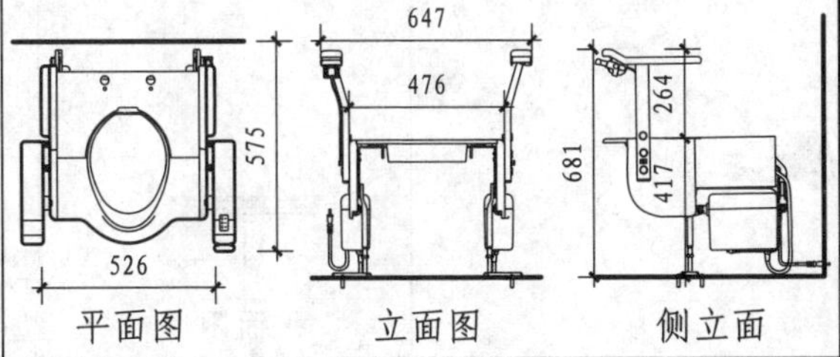

注：图中仅为示例尺寸，设计师应根据实际情况选择合适的卫浴设施。

卫浴设施选用表						图集号	16J502-4
审核	饶良修	校对	郭晓明	设计	谈星火	页	D15

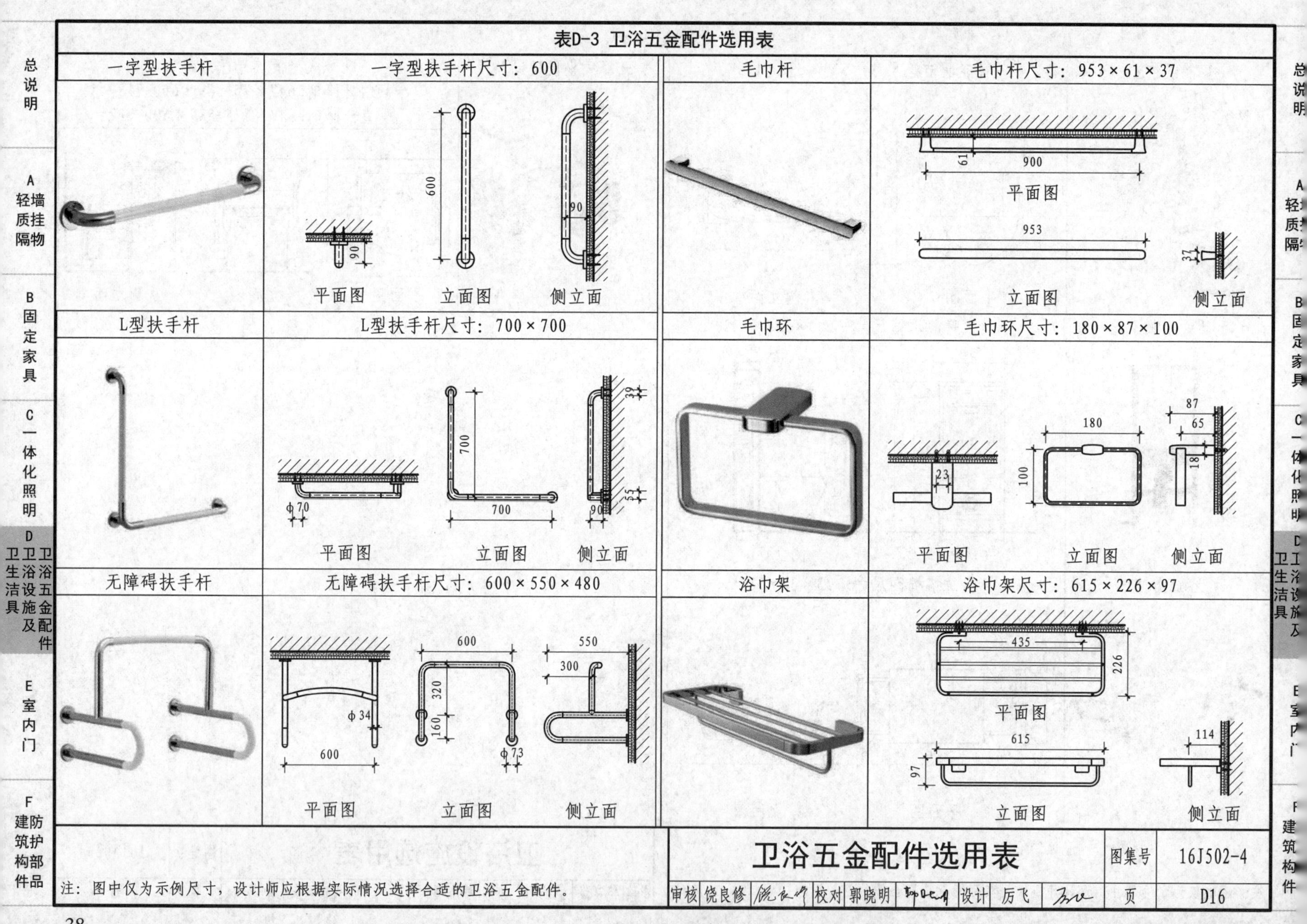
表D-3 卫浴五金配件选用表
一字型扶手杆
一字型扶手杆尺寸：600
600
90
90
平面图
立面图
侧立面
毛巾杆
毛巾杆尺寸：953×61×37
61
900
平面图
953
37
立面图
侧立面
L型扶手杆
L型扶手杆尺寸：700×700
φ70
700
700
39
55
90
平面图
立面图
侧立面
毛巾环
毛巾环尺寸：180×87×100
23
180
100
87
65
18
平面图
立面图
侧立面
无障碍扶手杆
无障碍扶手杆尺寸：600×550×480
600
600
320
160
φ34
φ73
550
300
平面图
立面图
侧立面
浴巾架
浴巾架尺寸：615×226×97
435
226
平面图
615
97
114
立面图
侧立面
注：图中仅为示例尺寸，设计师应根据实际情况选择合适的卫浴五金配件。
卫浴五金配件选用表
图集号 16J502-4
审核 饶良修 校对 郭晓明 设计 厉飞
页 D16
总说明
A 轻质隔墙挂物
B 固定家具
C 一体化照明
D 卫生洁具 卫浴设施及 卫浴五金配件
E 室内门
F 建筑防护构部件品

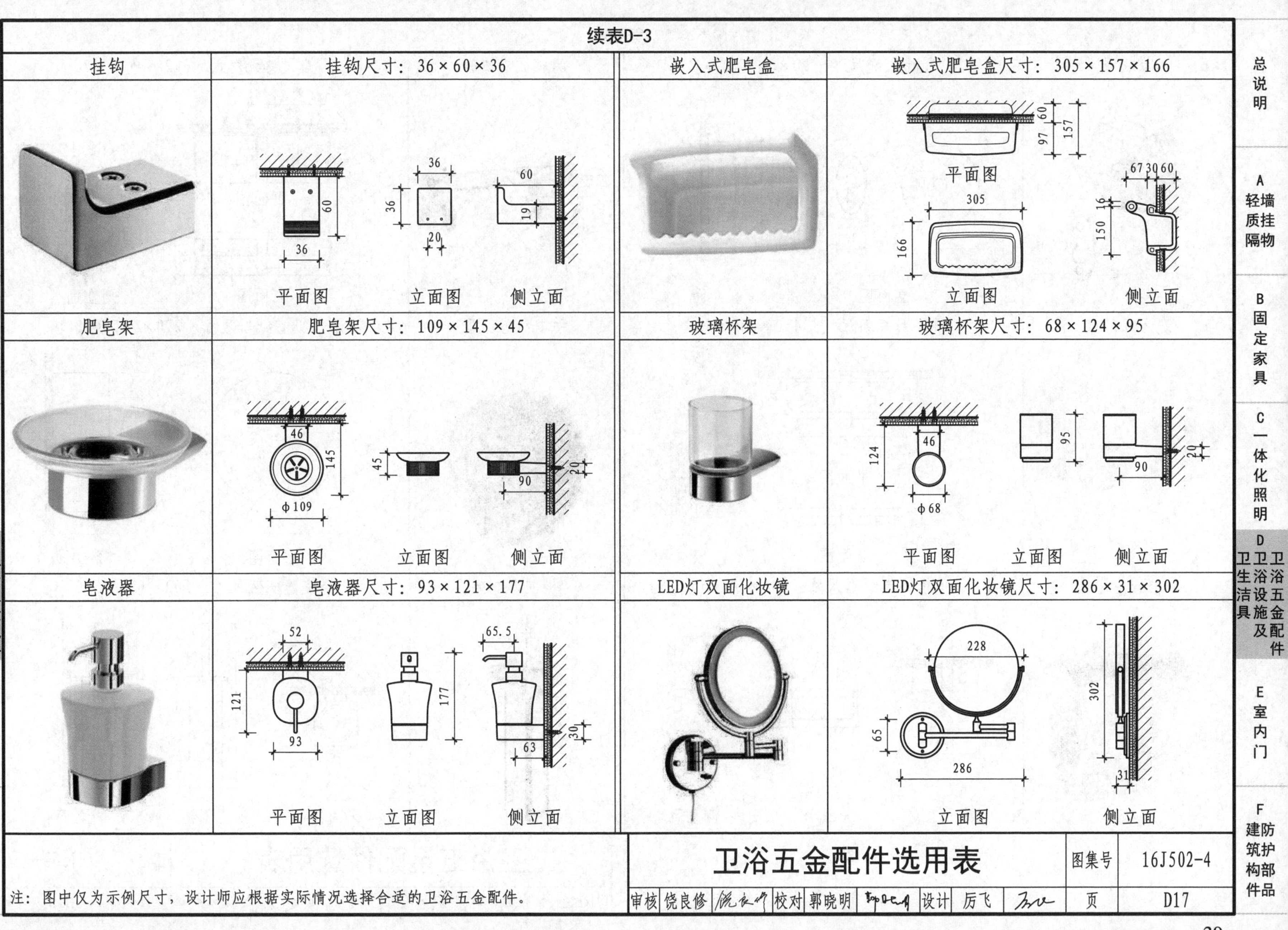
续表D-3
挂钩
挂钩尺寸：36 × 60 × 36
36
60
36
20
60
19
平面图
立面图
侧立面
嵌入式肥皂盒
嵌入式肥皂盒尺寸：305 × 157 × 166
60
97
157
平面图
67 30 60
305
166
16
150
立面图
侧立面
肥皂架
肥皂架尺寸：109 × 145 × 45
46
145
ϕ109
45
90
20
平面图
立面图
侧立面
玻璃杯架
玻璃杯架尺寸：68 × 124 × 95
46
124
ϕ68
95
90
20
平面图
立面图
侧立面
皂液器
皂液器尺寸：93 × 121 × 177
52
121
93
177
65.5
63
30
平面图
立面图
侧立面
LED灯双面化妆镜
LED灯双面化妆镜尺寸：286 × 31 × 302
228
65
286
302
31
立面图
侧立面
卫浴五金配件选用表
图集号
16J502-4
审核
饶良修
校对
郭晓明
设计
厉飞
页
D17
注：图中仅为示例尺寸，设计师应根据实际情况选择合适的卫浴五金配件。
总说明
A 轻质隔墙挂物
B 固定家具
C 一体化照明
D 卫生洁具 卫浴设施 卫浴五金及配件
E 室内门
F 建筑防护构件部品

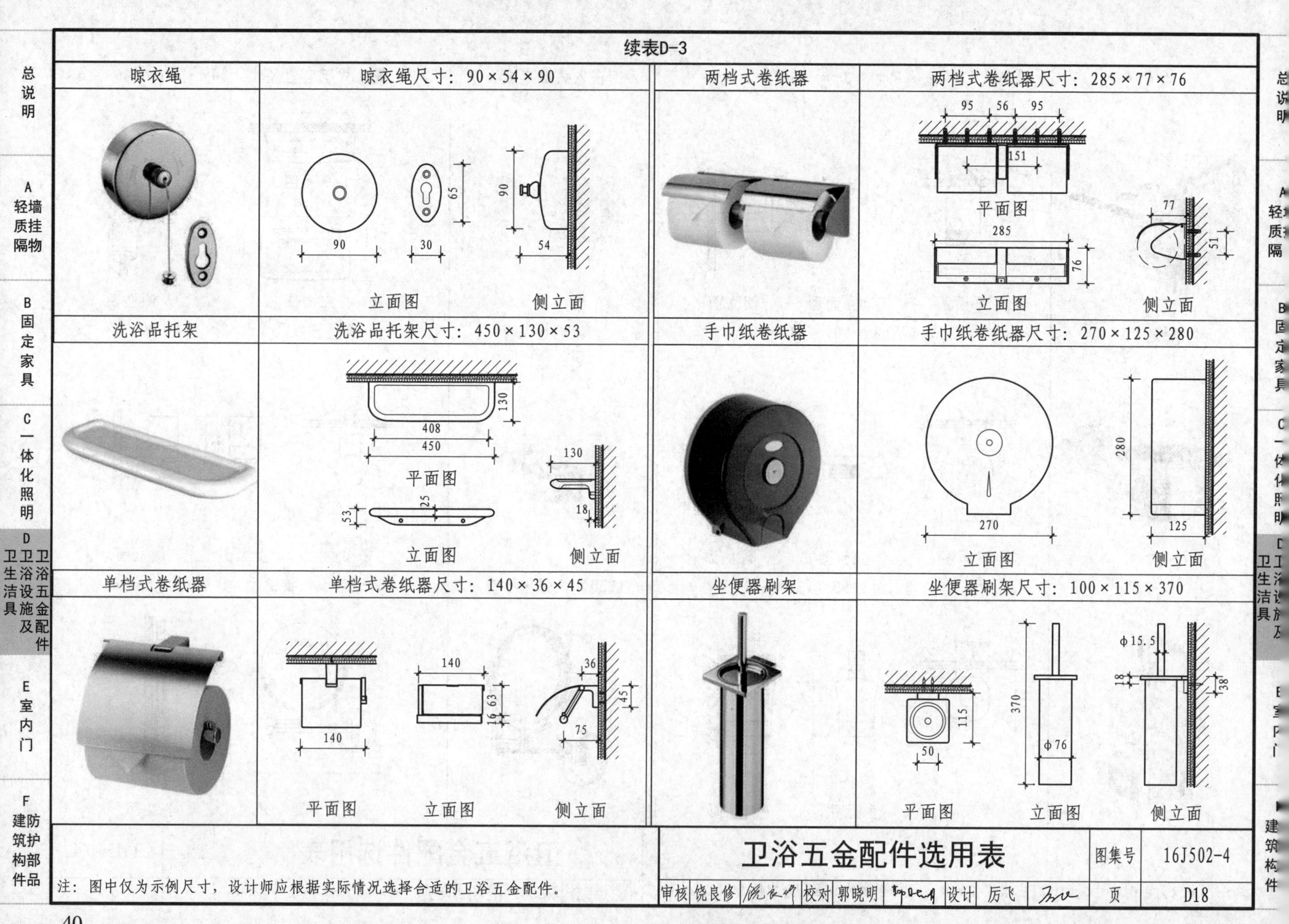
续表D-3
晾衣绳
晾衣绳尺寸：90×54×90
立面图
侧立面
两档式卷纸器
两档式卷纸器尺寸：285×77×76
平面图
立面图
侧立面
洗浴品托架
洗浴品托架尺寸：450×130×53
平面图
立面图
侧立面
手巾纸卷纸器
手巾纸卷纸器尺寸：270×125×280
立面图
侧立面
单档式卷纸器
单档式卷纸器尺寸：140×36×45
平面图
立面图
侧立面
坐便器刷架
坐便器刷架尺寸：100×115×370
平面图
立面图
侧立面
注：图中仅为示例尺寸，设计师应根据实际情况选择合适的卫浴五金配件。
卫浴五金配件选用表
图集号 16J502-4
审核 饶良修 校对 郭晓明 设计 厉飞
页 D18
总说明
A 轻质隔墙挂物
B 固定家具
C 一体化照明
D 卫生洁具 卫浴设施 卫浴五金及配件
E 室内门
F 建筑构件 防护部品

E 室内门说明

1 室内门

室内门是指安装在室内房间入口的门，是所有房间门的总称。

2 室内门的特点

具有隔声、隔热保温、耐擦洗、耐腐蚀、施工方便等特点。

3 室内门的分类

3.1 按材质可分为：木门、金属门、玻璃门、织物硬（软）包门等。

3.2 按开启方式可分为：平开门、推拉门、折叠门、地弹簧门等。

4 室内门的选用

4.1 门洞口尺寸应符合《建筑门窗洞口尺寸系列》GB/T 5824-2008的规定。门的构造尺寸可根据门洞口饰面材料、附框尺寸、安装缝隙确定。门扇的厚度分为40、45、50、55、60等，门框（套）厚度根据墙厚确定。门的标记由开启方式、构造、饰面、开关方向和洞口尺寸顺序组合而成。

4.2 选用木材品种、材质等级、含水率、甲醛释放量应符合国家相关规范和设计要求。

4.3 成品门中胶粘剂有害物质限量应符合《室内装饰装修材料 胶粘剂中有害物质限量》GB 18583-2008中规定的要求。油漆中有害物质限量应符合《室内装饰装修材料 溶剂型木器涂料中有害物质限量》GB 18581-2009中规定的要求。玻璃应根据使用要求适当选取，需采用安全玻璃。

4.4 饰面材料可选用实木皮、三聚氰胺浸渍纸贴面、PVC贴面等，应按设计和功能要求选用。选用木皮做饰面材料时，厚度不小于0.15。选用非木质材料时，应达到环保要求。

4.5 密封材料应按材料特性和功能要求选用。

4.6 门用五金件、附件、紧固件应满足功能要求，安装位置正确、牢固，满足强度要求，开关灵活、无噪声。

5 室内门安装前注意事项

5.1 门洞要进行防潮、防腐处理。

5.2 粉刷墙壁时，要使用无腐蚀、无融解的防水材料，对木门进行遮掩，避免涂料附着在门表面产生剥离、褪色，影响整体美观。

5.3 门进场后，先水平放置在室内干燥的地上（叠放高度≤1m），并保持室内空气流通，避免木门受到不正常撞击或接触腐蚀性物质。

6 室内门施工要求

采用工厂生产的装饰门时，为保证门的质量及美观，安装门框前在预留洞口内应设置附框。附框可用实木或两块细木工板复合而成，板材须平直、安装牢固。附框安装在地面以下部位及背部靠墙部分做防腐处理。附框与墙体留有5～10的缝隙，用聚苯或聚氨酯发泡剂填实。木门框安装时应调整洞口尺寸，木门框与墙体连接点每边不得少于3个。门框与墙体接触处及预埋木砖均应做防腐处理。门扇离地面均留5宽缝隙，并安装隔声条。

7 室内门五金

7.1 室内门五金配件有拉手、合页、闭门器、顺位器、门锁（机械门锁、电控门锁）、暗插销、门止、逃生装置、防尘隔声密封条、防尘筒及其他小五金等。

7.2 室内门五金技术要求：

7.2.1 生产企业应提供五金件的设计、级别、功能、表面处理、尺寸及其他特殊品质。

7.2.2 插销、螺丝及其他紧固件的尺寸和类型，应符合国家相关规范和现场使用要求。

室内门说明							图集号	16J502-4
审核	饶良修	饶良修	校对	郭晓明	郭晓明	设计	邸士武 邸士武	页	E01

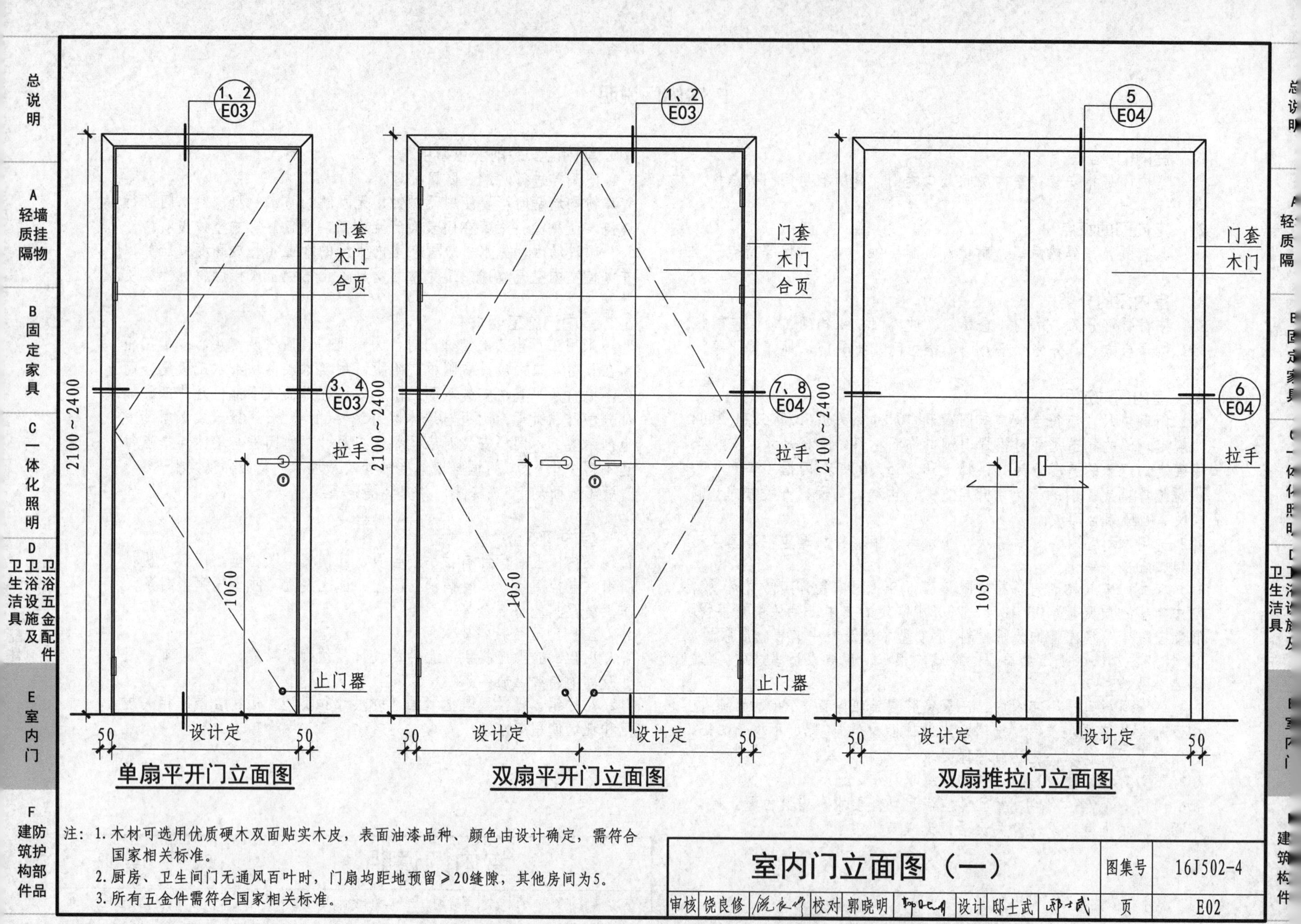

注：1. 木材可选用优质硬木双面贴实木皮，表面油漆品种、颜色由设计确定，需符合国家相关标准。
2. 厨房、卫生间门无通风百叶时，门扇均距地预留≥20缝隙，其他房间为5。
3. 所有五金件需符合国家相关标准。

室内门立面图（一）						图集号	16J502-4
审核	饶良修	校对	郭晓明	设计	邸士武	页	E02

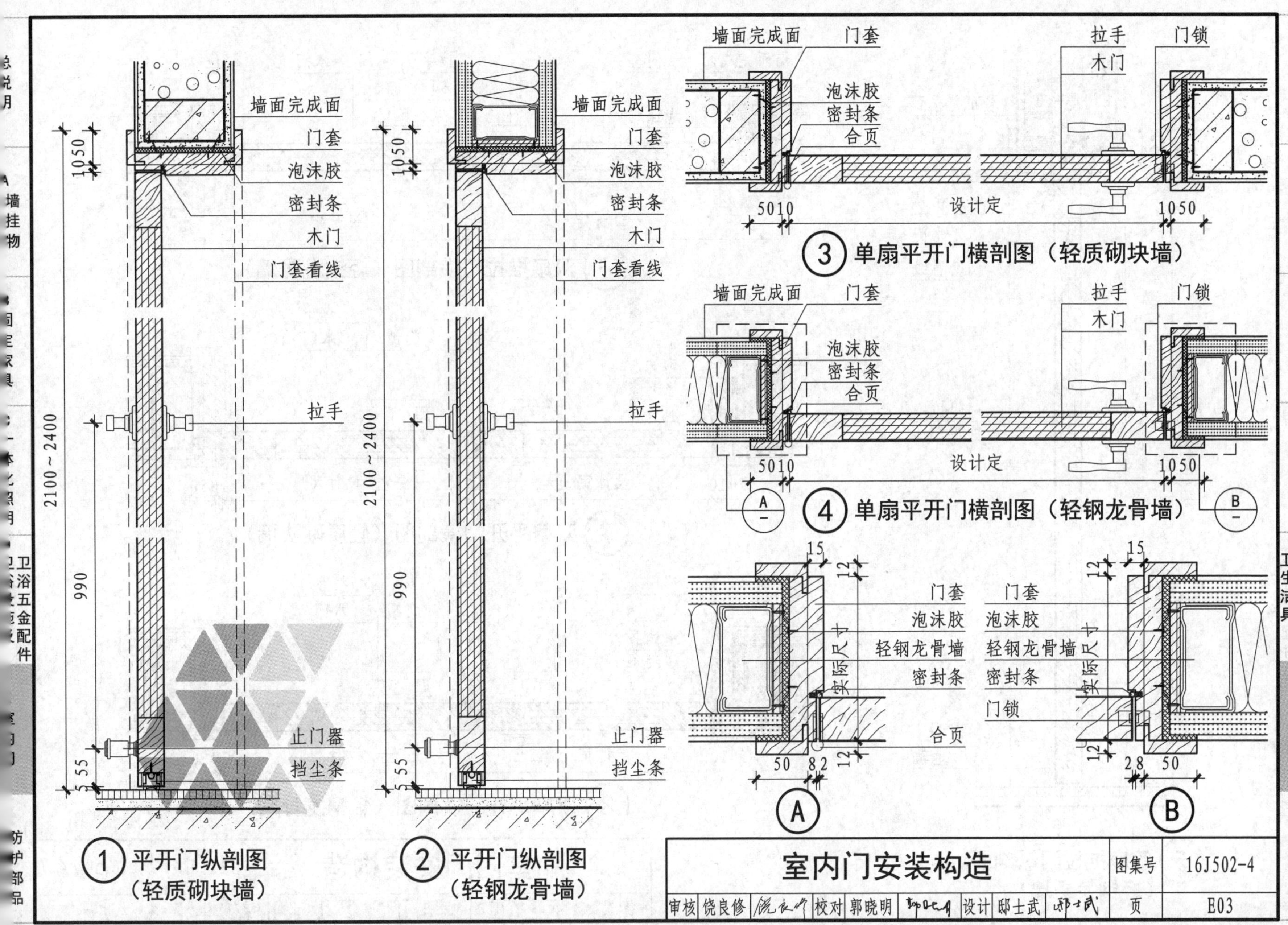

室内门安装构造

图集号	16J502-4
页	E03

审核 饶良修 校对 郭晓明 设计 邸士武

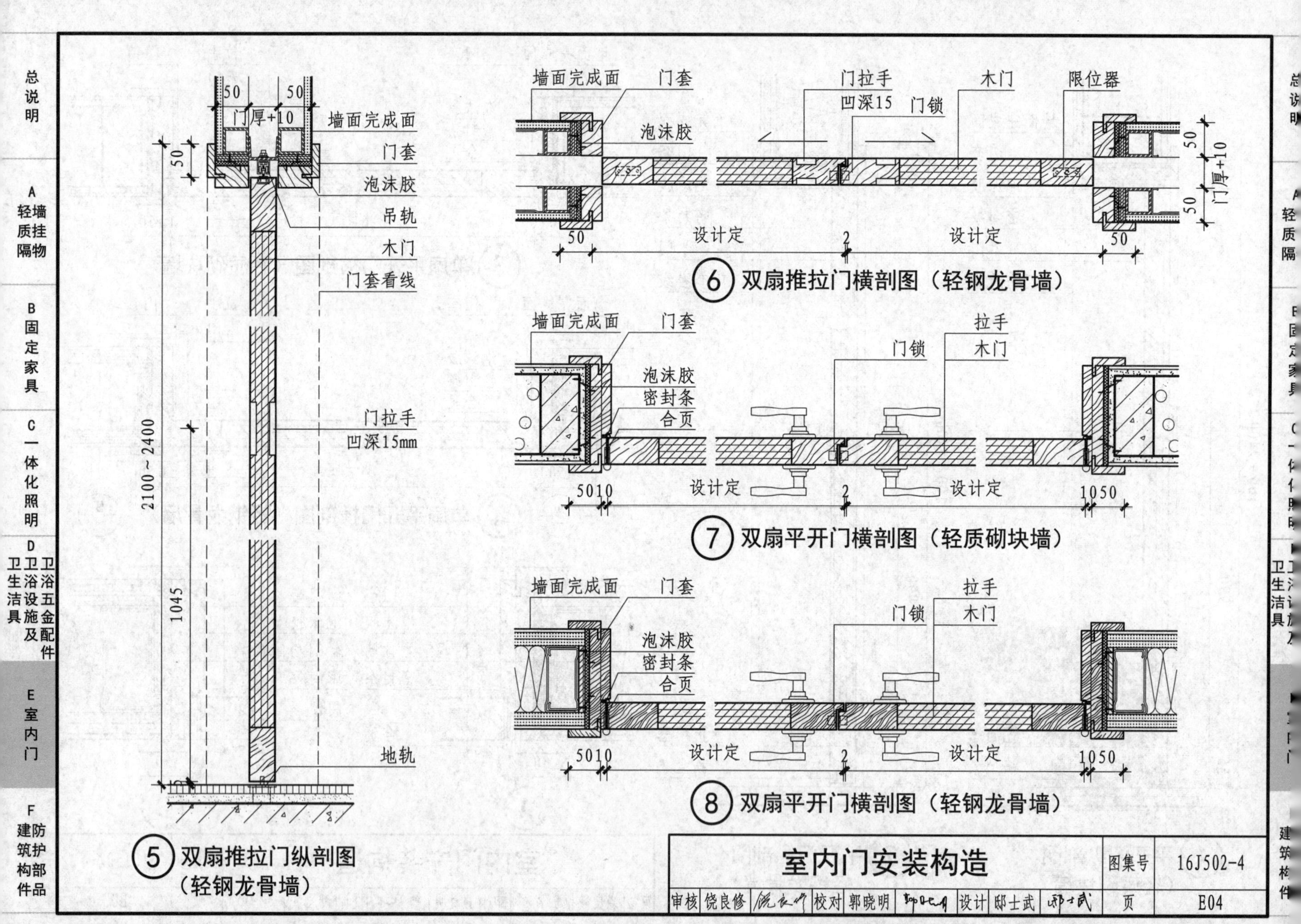

总说明
A 轻质隔墙挂物
B 固定家具
C 一体化照明
D 卫生洁具 卫浴设施 卫浴五金及配件
E 室内门
F 建筑防护构部件品
50
50
门厚+10
墙面完成面
门套
泡沫胶
吊轨
木门
门套看线
门拉手
凹深15mm
2100～2400
1045
地轨
5 双扇推拉门纵剖图（轻钢龙骨墙）
墙面完成面
门套
门拉手
凹深15
门锁
木门
限位器
泡沫胶
设计定
2
设计定
门厚+10
6 双扇推拉门横剖图（轻钢龙骨墙）
拉手
门锁
木门
密封条
合页
5010
1050
7 双扇平开门横剖图（轻质砌块墙）
8 双扇平开门横剖图（轻钢龙骨墙）
室内门安装构造
图集号
16J502-4
审核 饶良修
校对 郭晓明
设计 邸士武
页
E04

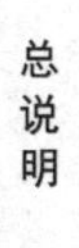

单扇隐藏门立面图

双扇玻璃门立面图

双扇隔声门立面图

注：1. 选用玻璃弹簧门的楼层，要有足够厚度埋地弹簧器盒，如垫层不够需改选相同尺寸、类别的平开门，安装液压闭门器处理。玻璃门选用安全钢化玻璃，五金件选用需符合国家相关标准。

2. 隔声门内部构造可根据声学的不同需求，进行专业设计。

室内门立面图（二）						图集号	16J502-4
审核	饶良修	校对	郭晓明	设计	厉飞	页	E05

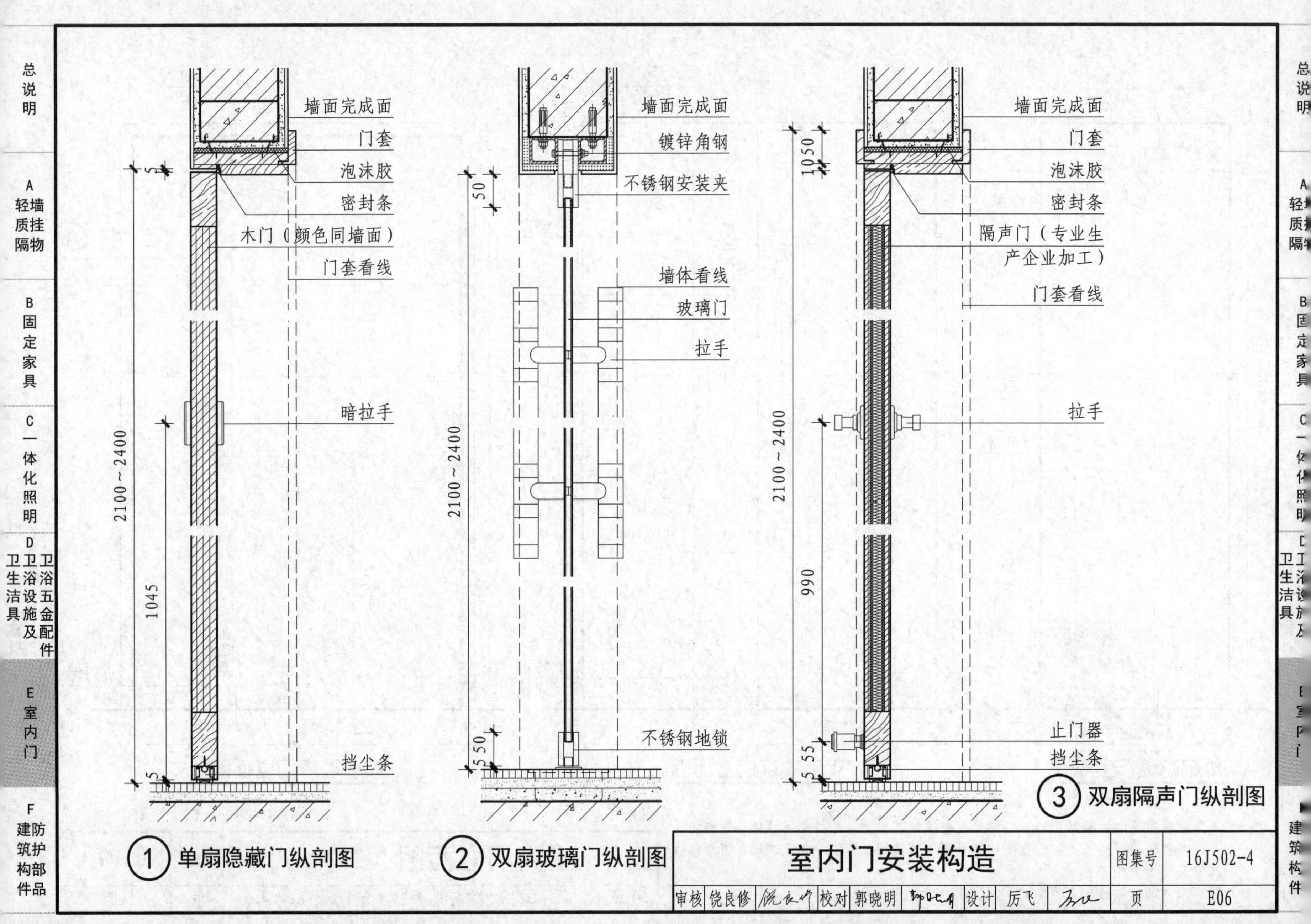
总说明
A 轻质隔墙挂物
B 固定家具
C 一体化照明
D 卫生洁具 卫浴设施及 卫浴五金配件
E 室内门
F 建筑防护构部件品
墙面完成面
门套
泡沫胶
密封条
木门（颜色同墙面）
门套看线
暗拉手
挡尘条
2100～2400
1045
5
镀锌角钢
不锈钢安装夹
墙体看线
玻璃门
拉手
不锈钢地锁
50
隔声门（专业生产企业加工）
止门器
1050
990
55
① 单扇隐藏门纵剖图
② 双扇玻璃门纵剖图
③ 双扇隔声门纵剖图
室内门安装构造
图集号 16J502-4
审核 饶良修 校对 郭晓明 设计 厉飞
页 E06

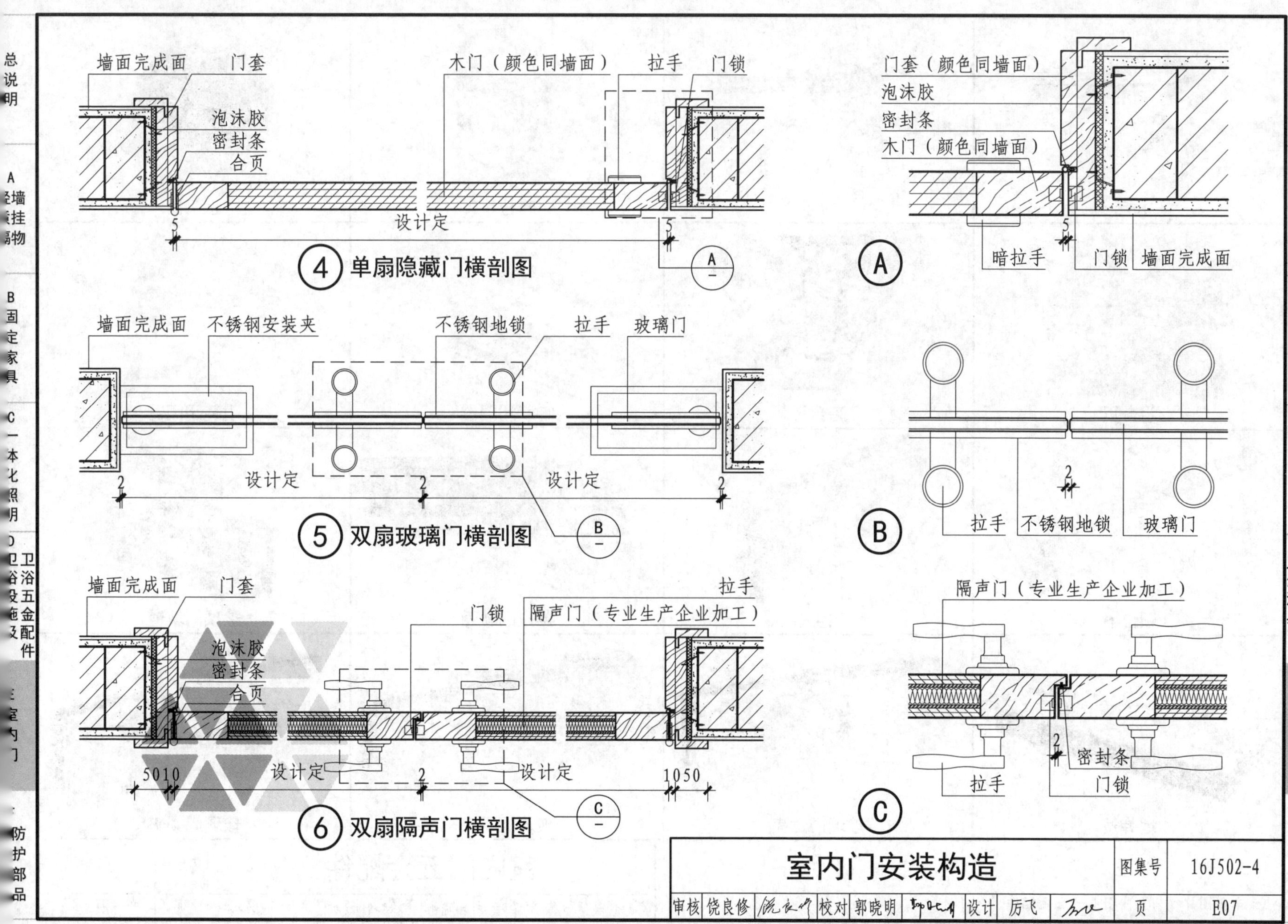

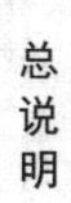

总说明
A 轻墙质挂隔物
B 固定家具
C 一体化照明
D 卫生洁具 卫浴设施及 卫浴五金配件
E 室内门
F 建防筑护构部件品

室内门安装构造						图集号	16J502-4
审核	饶良修	校对	郭晓明	设计	厉飞	页	E07

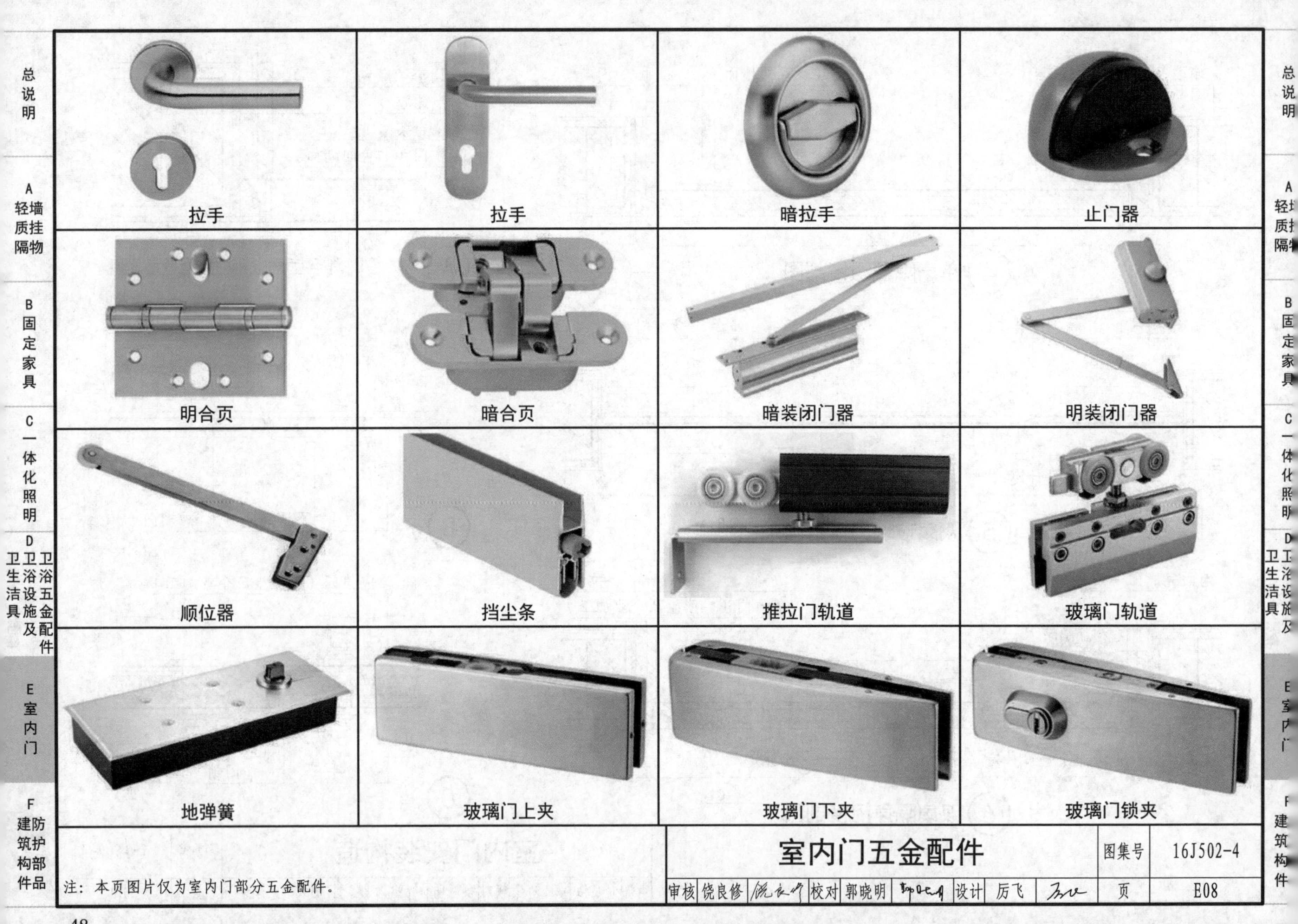

室内门五金配件

图集号	16J502-4
页	E08

审核 饶良修 | 校对 郭晓明 | 设计 厉飞

注：本页图片仅为室内门部分五金配件。

F 建筑构件防护部品说明

1 建筑构件防护部品

建筑构件防护部品是指在建筑物内为防止对物体的损坏，而安装的防护设施。护墙扶手是在墙面四周距地一定高度范围之内，安装的横木或把手，除防护外，也有支撑和保持身体平衡作用。

2 建筑构件防护部品的特点

2.1 PVC防护部品：采用高聚物外饰PVC，具有款式多样、防腐抗菌、经久耐用、安装简单、维护方便的特点，适合多种场合使用。经特殊设计，还起到防振动、缓冲的作用。

2.2 橡胶防护部品：由高强度橡胶制成，采用专用胶或螺丝安装，具有柔软、安装简单、维护方便的特点。

2.3 木塑防护部品：因材料不透明，能保护和遮挡已损坏的墙角，采用玻璃胶粘接，具有装饰效果好、款式多样、高仿实木效果、安全耐用、安装简单的特点。

2.4 石材防护部品：表面光滑细腻、实用性强，具有耐化学腐蚀性、阻燃耐热、耐冲击、易清洗、安装简单的特点。

2.5 金属防护护角：具有耐腐蚀、抗冲击、易清洁、易安装等特点。

3 建筑构件防护部品的分类

3.1 按防护位置可分为：墙体阴阳角、护墙扶手等。

3.2 按防护材质可分为：PVC、橡胶、木塑、石材、金属等。

4 建筑构件防护部品的安装

4.1 PVC护角条施工方法：清理工作面、铲除突起、补平凹陷，用腻子制作膏状浆料（可用快干粉替代）搅拌均匀。将浆料抹在阴（阳）角的两边，并保持一定的厚度，将阴（阳）角紧贴墙角，找准水平和垂直，刮去溢出的浆料。干燥后以阴（阳）角顶端为定位边，批刮腻子即可。待腻子干燥后用砂纸打磨，并完成涂料或壁纸的施工。

4.2 橡胶护角条施工方法：先把橡胶护角放到安装的位置，根据需要裁剪橡胶护角条，清理好安装的工作面，采用专用胶粘剂粘贴。

4.3 木塑护角施工方法：水泥墙面饰面乳胶漆的可直接粘贴。把玻璃胶（建筑胶）涂在护角背面，大约10厚点状。在墙面按需要做好标记，用2厚双面胶贴在护角背面两端，对准标记用力按在墙上，待双面胶充分接触墙面后再放手，不要触摸。待玻璃胶（建筑胶）凝固后，方可使用。护角表面不能粘透明胶带或美纹纸等有不干胶的物质，否则会和表面的漆起反应，失去光泽或掉漆。

4.4 石材护角施工方法

4.4.1 不打孔的施工方法：用玻璃胶粘接到墙角，然后用密封胶密封边缘。未装修完毕的房子，采用玻璃胶粘接到墙角，不打密封胶，通过刮腻子刷乳胶漆来找平边缘，装饰效果更好。

4.4.2 打孔的施工方法：先把护角放到安装的位置，并在安装孔中做好记号，拿开护角后用电锤打孔。将塑料膨胀螺栓放入孔中，将护角与墙上孔对齐，用螺丝上紧，然后盖上装饰扣，用密封胶封边，安装完成。

4.5 金属护角条施工方法：根据需要安装的位置，先用金属膨胀螺栓固定铝制固定器，再用金属盖板扣到铝制固定器上。

建筑构件防护部品说明									图集号	16J502-4
审核	饶良修	饶良修	校对	郭晓明	郭晓明	设计	邸士武	邸士武	页	F01

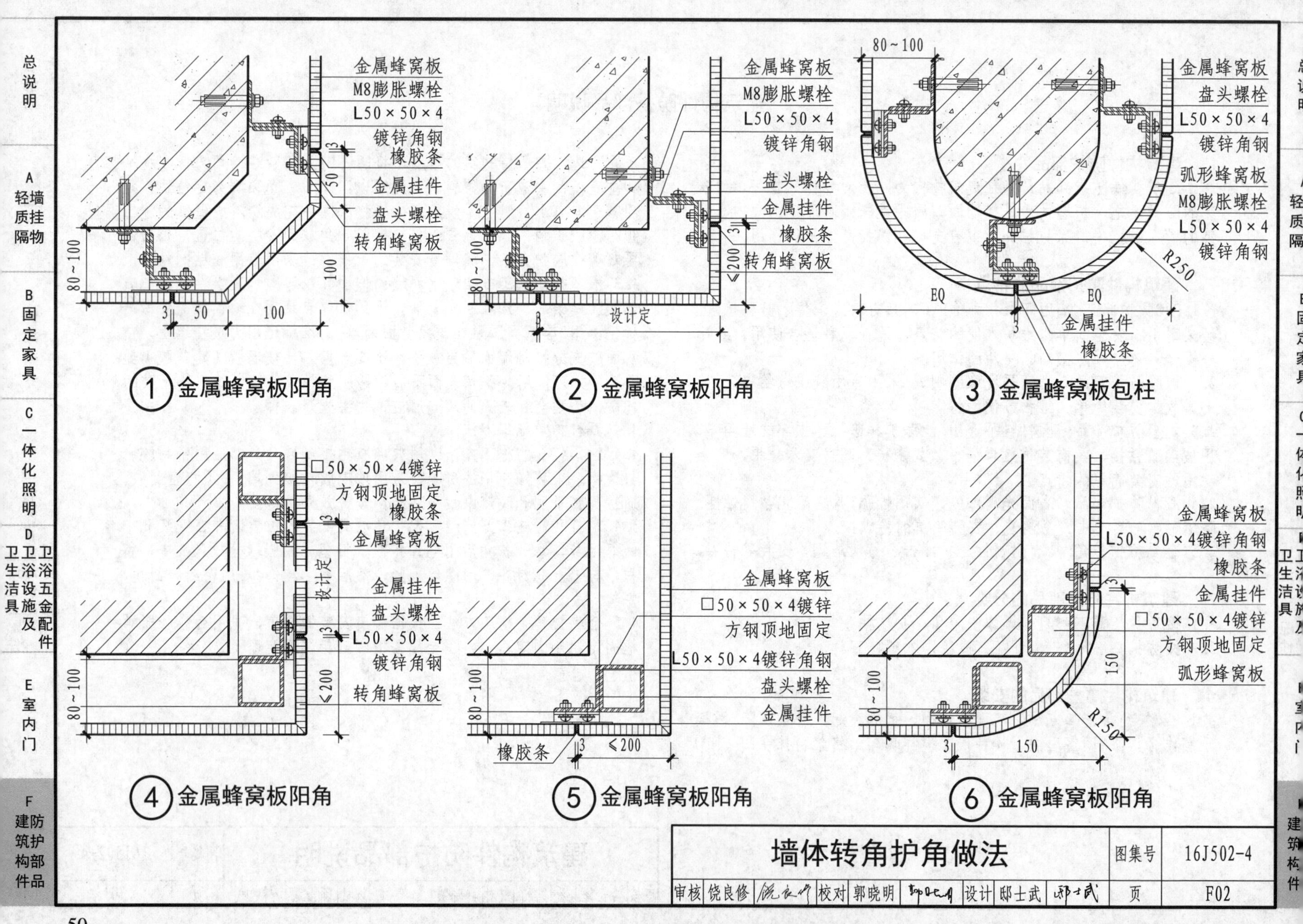

① 金属蜂窝板阳角

② 金属蜂窝板阳角

③ 金属蜂窝板包柱

④ 金属蜂窝板阳角

⑤ 金属蜂窝板阳角

⑥ 金属蜂窝板阳角

墙体转角护角做法						图集号	16J502-4
审核	饶良修	校对	郭晓明	设计	邸士武	页	F02

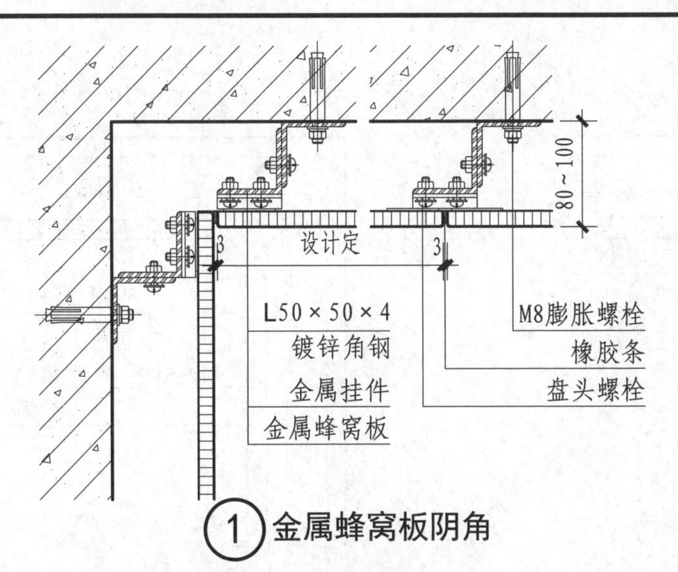

① 金属蜂窝板阴角

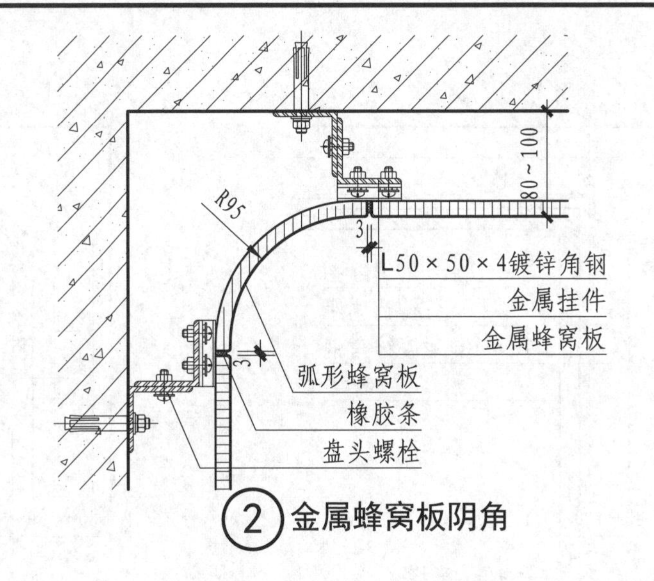

② 金属蜂窝板阴角

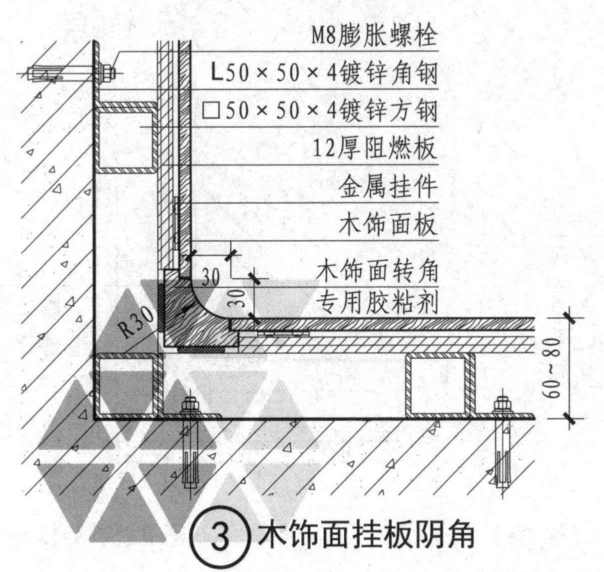

③ 木饰面挂板阴角

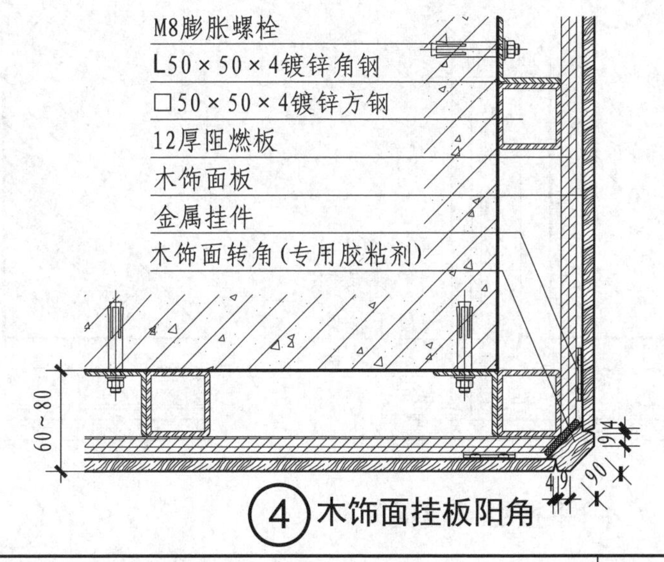

④ 木饰面挂板阳角

墙体转角护角做法		图集号	16J502-4
审核 饶良修 校对 郭晓明 设计 邸士武		页	F03

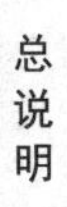

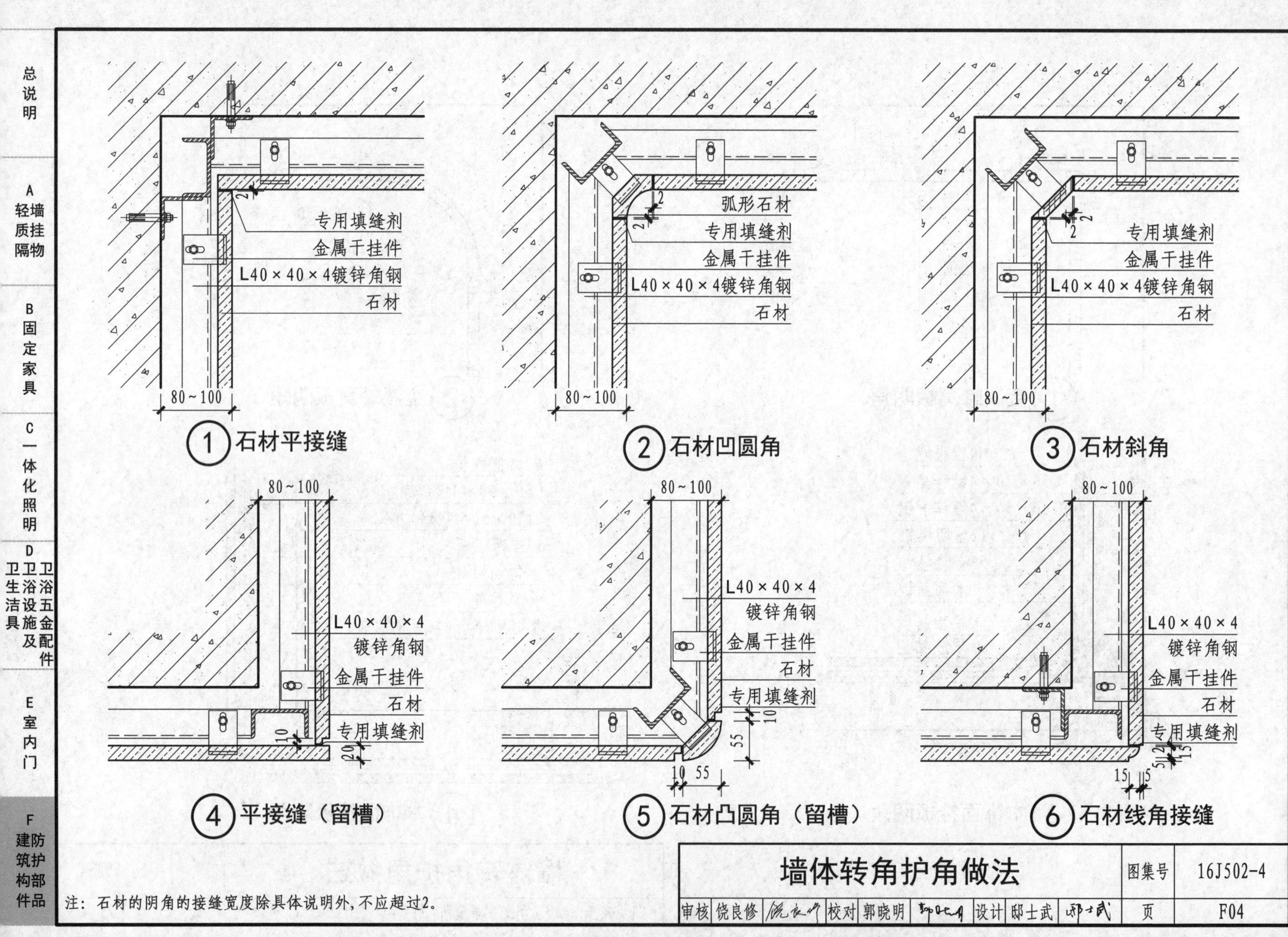

注：石材的阴角的接缝宽度除具体说明外，不应超过2。

墙体转角护角做法	图集号	16J502-4
审核 饶良修 校对 郭晓明 设计 邸士武	页	F04

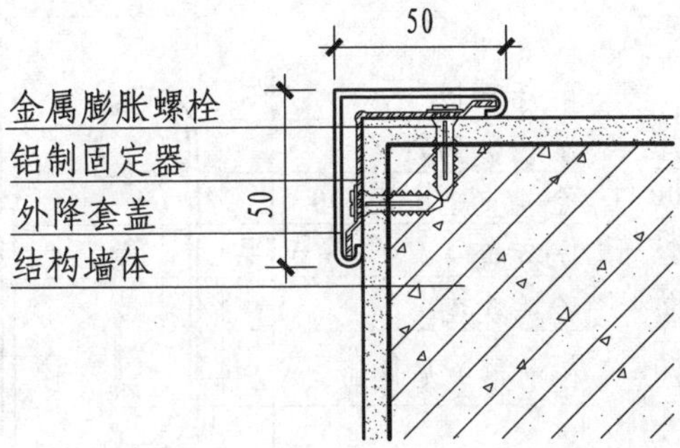

1

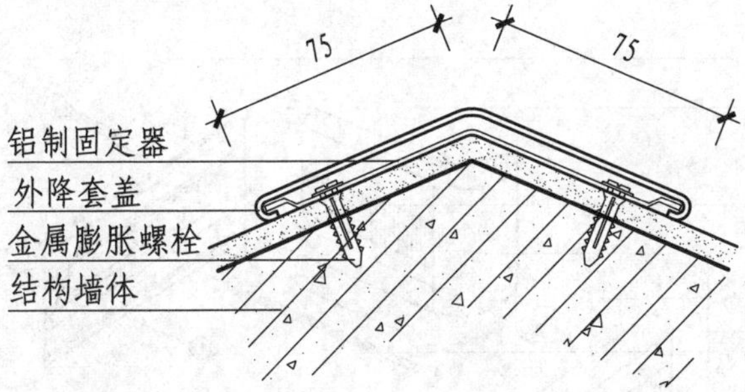

2

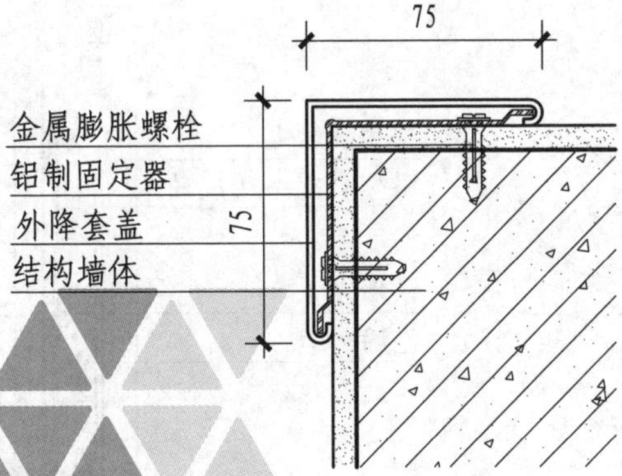

3

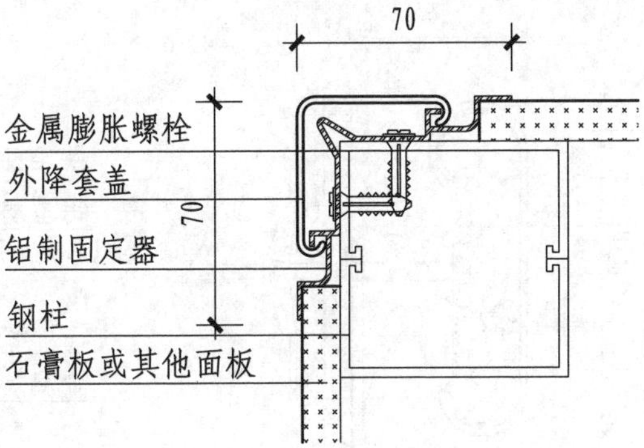

4

注：护角面材可选用橡胶、不锈钢、黄铜、铝合金，高度不超过2m。

墙体转角护角做法							图集号	16J502-4
审核	饶良修	饶良修	校对	郭晓明	郭晓明	设计	邸士武 邸士武	页 F05

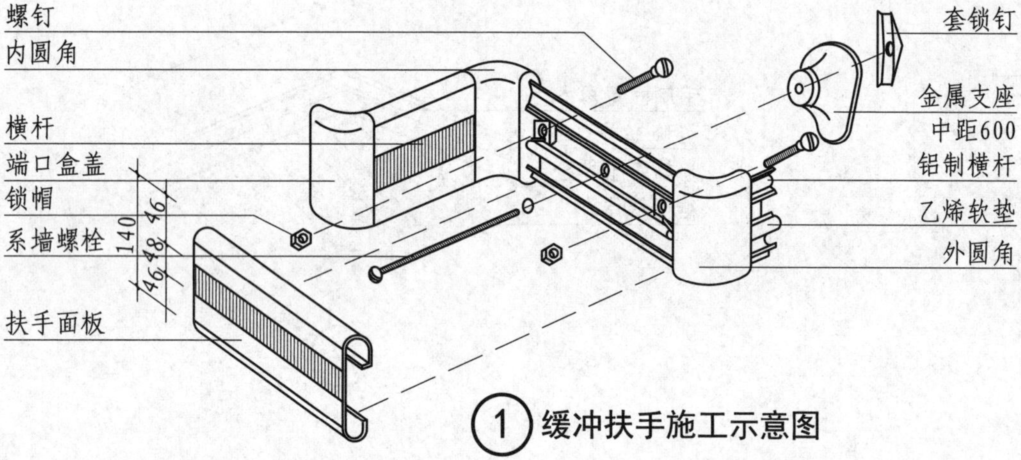

① 缓冲扶手施工示意图

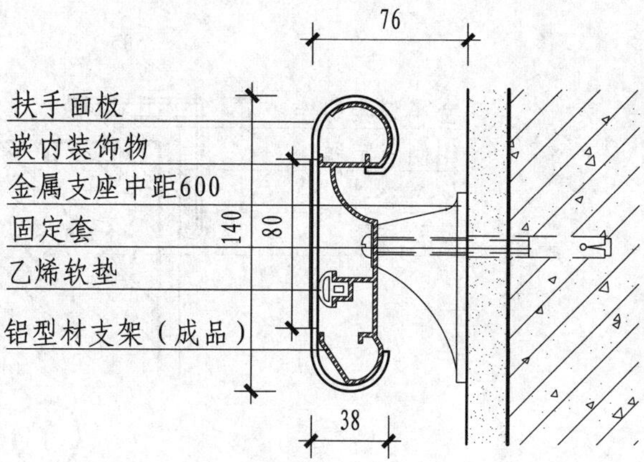

②

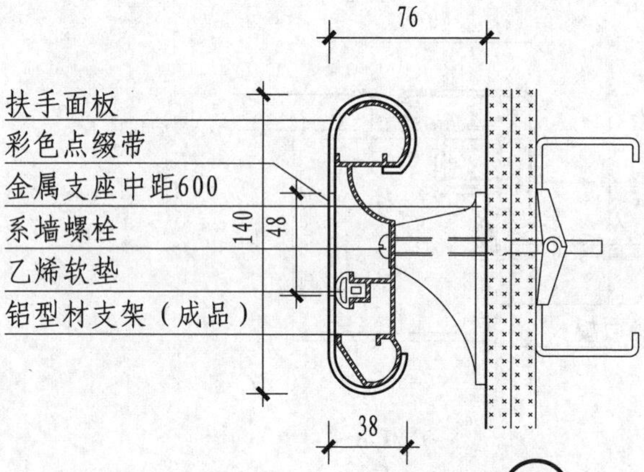

③

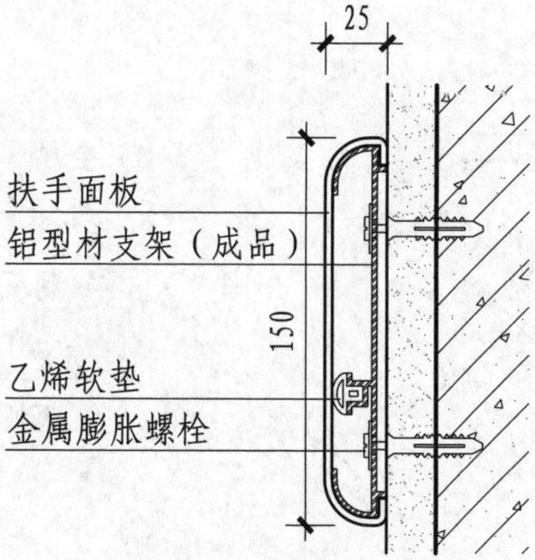

④

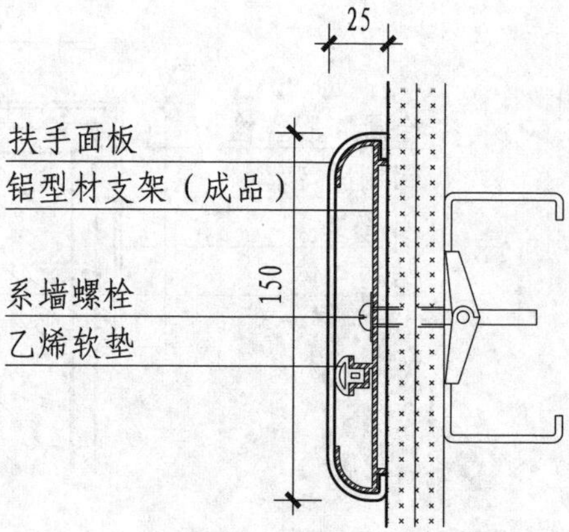

⑤

注：1. 各种扶手护角均有成品配套的阴阳转角件，可根据需要选用；各种扶手有转角时均需距墙面转角处3～4。
2. 扶手面板可选用硬塑料或乙烯塑料等材料。

护墙扶手做法							图集号	16J502-4
审核	饶良修	饶良修	校对	郭晓明	郭晓明	设计	邸士武	邸士武	页	F06

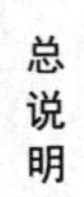

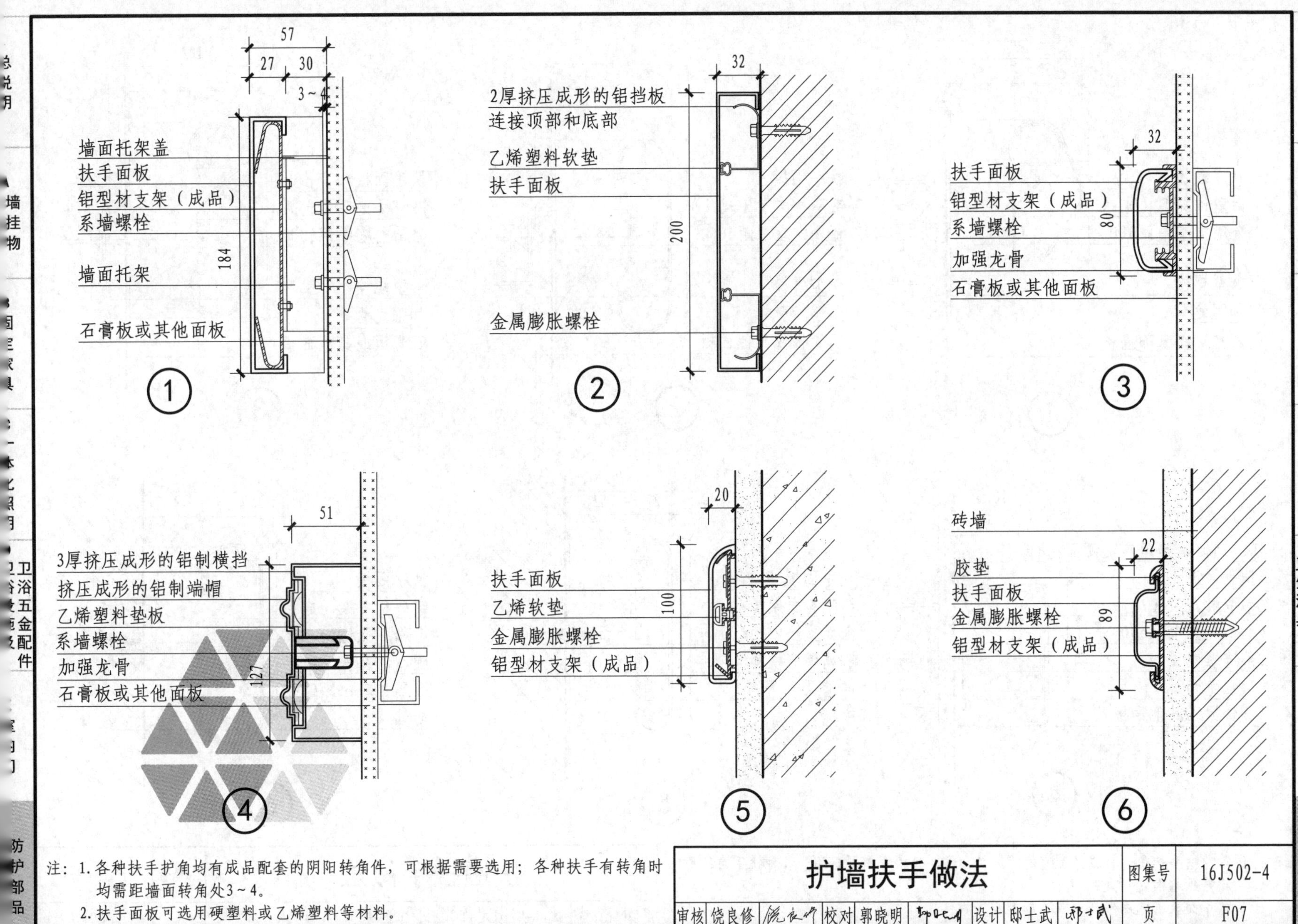

注：1. 各种扶手护角均有成品配套的阴阳转角件，可根据需要选用；各种扶手有转角时均需距墙面转角处3～4。
2. 扶手面板可选用硬塑料或乙烯塑料等材料。

护墙扶手做法						图集号	16J502-4
审核	饶良修	校对	郭晓明	设计	邸士武	页	F07

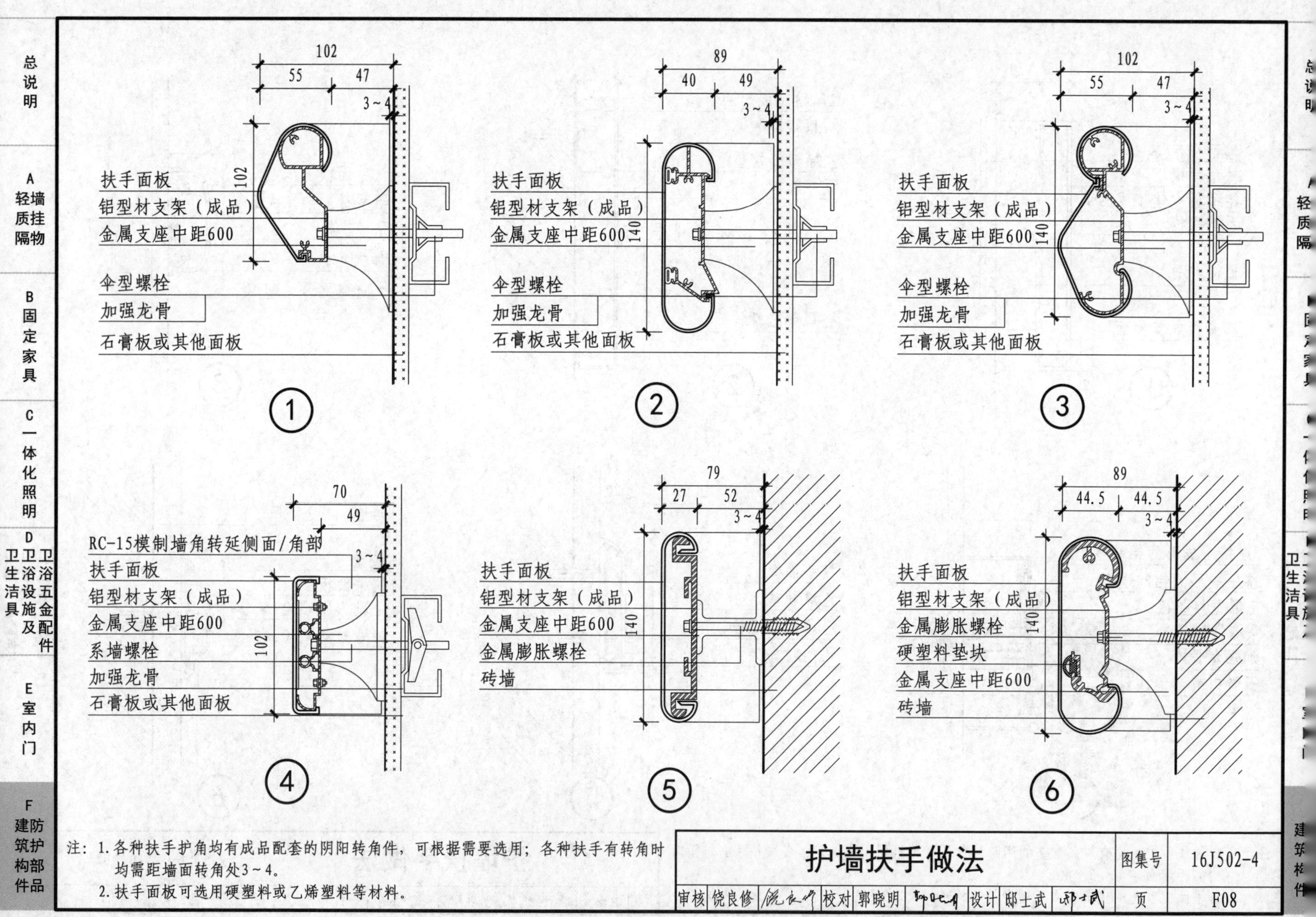

注：1.各种扶手护角均有成品配套的阴阳转角件，可根据需要选用；各种扶手有转角时均需距墙面转角处3～4。
2.扶手面板可选用硬塑料或乙烯塑料等材料。

护墙扶手做法	图集号	16J502-4
审核 饶良修 校对 郭晓明 设计 邸士武	页	F08

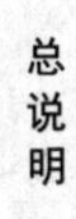

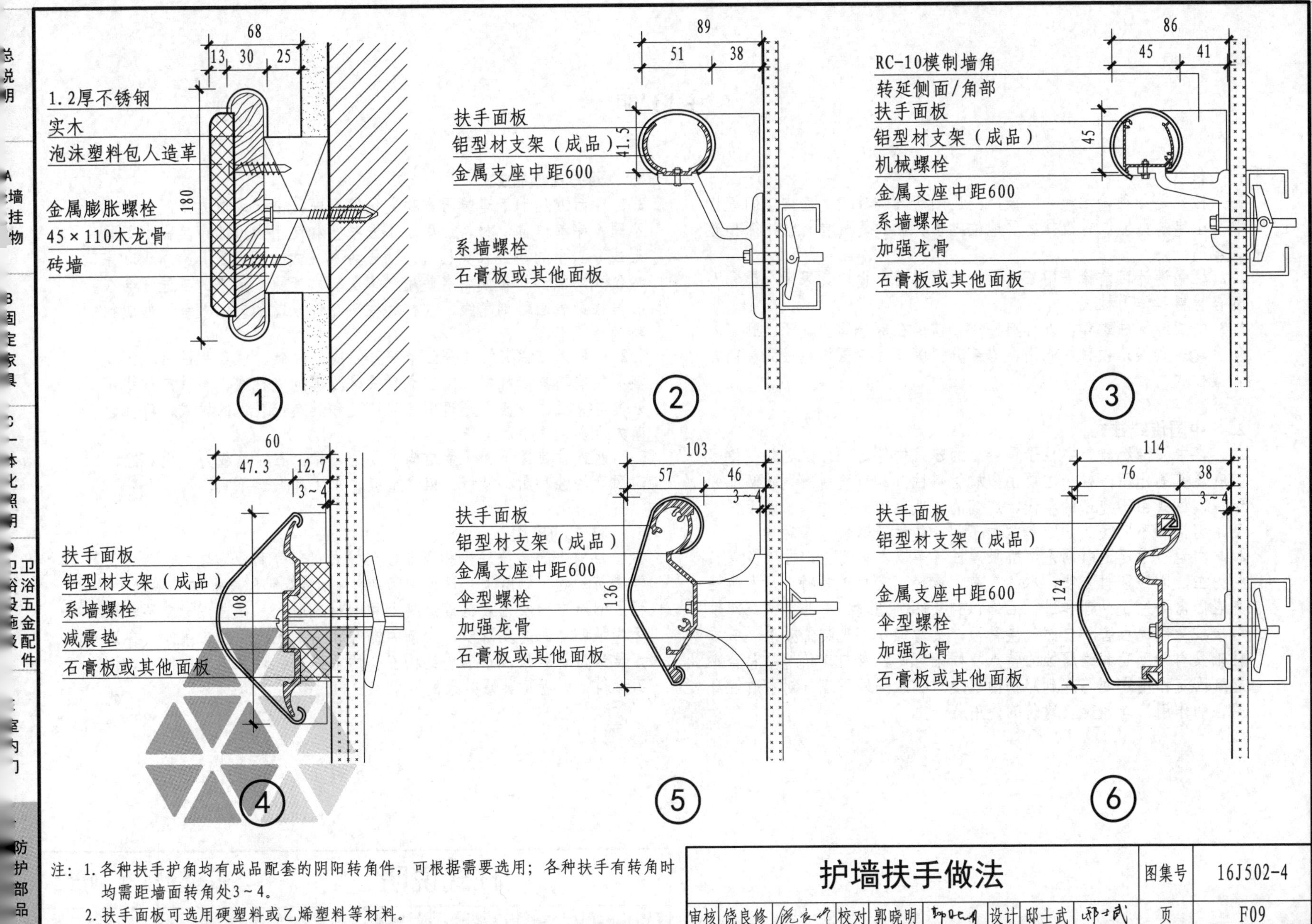

注：1.各种扶手护角均有成品配套的阴阳转角件，可根据需要选用；各种扶手有转角时均需距墙面转角处3~4。
2.扶手面板可选用硬塑料或乙烯塑料等材料。

护墙扶手做法						图集号	16J502-4
审核	饶良修	校对	郭晓明	设计	邸士武	页	F09

G 柱式说明

1 柱式

1.1 柱式是一种艺术形式，被广泛应用于各类建筑的室内空间设计中，在建筑史上占有极其重要地位。各种柱式均具有美学特征和形态规则。

1.2 柱式设计目前除采用石质和木质材料外，也广泛采用金属和人复合材料等作为柱式。

1.3 中国传统柱式和西方古典柱式目前仍在部分商业地产、酒店、仿古建筑和娱乐项目中采用，本部分仅编制了中国传统柱式和西方古典柱式。

2 中国传统柱式

2.1 在中国传统建筑中柱子是主要的建筑构件之一，主要起支撑梁架和屋盖的作用，柱子主要由木质材料柱身和石质材料柱础两部分组成，柱式由于建造的年代、广阔的地域、南北差异、工匠手艺、使用习惯和不同民族的审美需求不同，使柱子形成了多种样式。

2.2 由于不用建造时期条件所限，柱身多以木材为主，柱础多以石材为主，因为取材方便，木材具有重量轻、宜加工等特点。木质柱身表面需要经过处理和进行油饰，有条件时还进行一些装饰。即可解决柱身避免虫害和自然气候腐蚀，又增强了外观装饰效果。石质柱础具有强度高和耐腐蚀的特点，柱础可使柱身与建筑地基和台座起到固定作用，还可起到阻挡雨水浸泡和阻隔地下潮气对木质柱身腐蚀的作用，有效延长建筑的使用寿命。

3 西方古典柱式

3.1 在西方几千年建筑历史和文化发展中，由于建造的年代、地域不同、宗教信仰、材料使用、工匠技艺和使用人群的审美需求不同形成了典型的西方古典柱式。西方古典柱式初期只是具有承重和宗教仪式功能，随着使用者使用和审美需求变化，后来的工匠还会在石材柱身表面雕刻角线、纹样和柱头花饰以增加艺术效果，形成独特的柱式形态。

3.2 一般西方古典柱式分三个部分组成：柱础、柱身和柱头。比较典型的有塔斯干柱式、陶立克柱式、爱奥尼克柱式、科林斯柱式等。爱奥尼克柱式在西方是运用最为广泛和具有代表性的柱式，可称为西方古典柱式中的典范。

3.3 西方古典柱子和梁架结构主要是石材，石村承载力、稳定性、耐风雨侵蚀和耐久性好，但自重大、加工和搬运不宜。

4 柱式的应用

目前中国传统柱式和西方古典柱式在部分商业领域、酒店、仿古建筑和娱乐场所项目设计中仍在使用，随着时代发展和科学进步，柱子的承重材料已被钢筋混凝土和钢材等取代。在自然材料不断匮乏和强调环保的现阶段，为节约资源和满足现代化加工条件，在满足装修设计效果及不影响结构安全的前提下，可采用替代传统饰面的材料，以满足装修效果的要求。

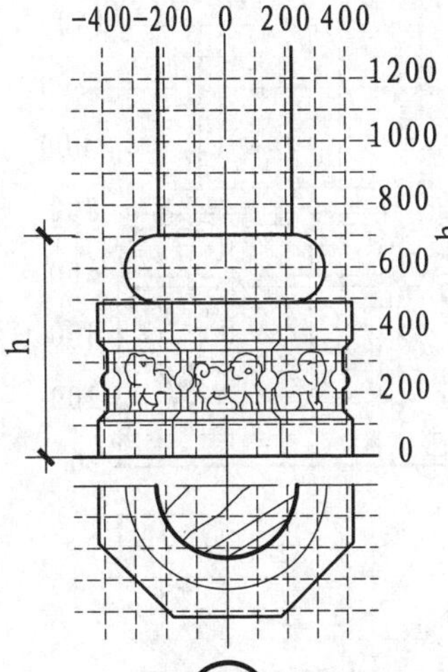

① 山西 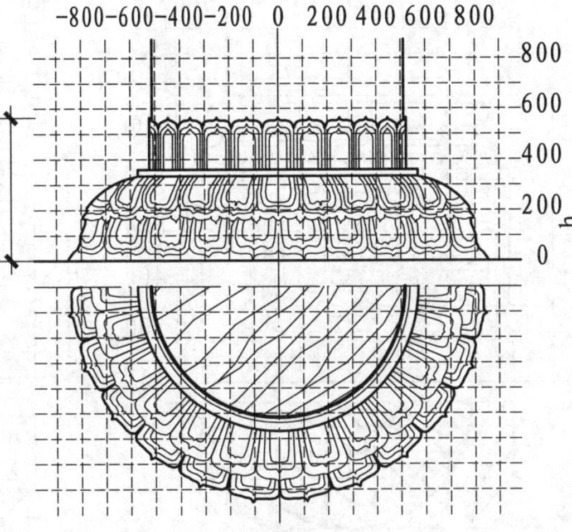　② 曲阜 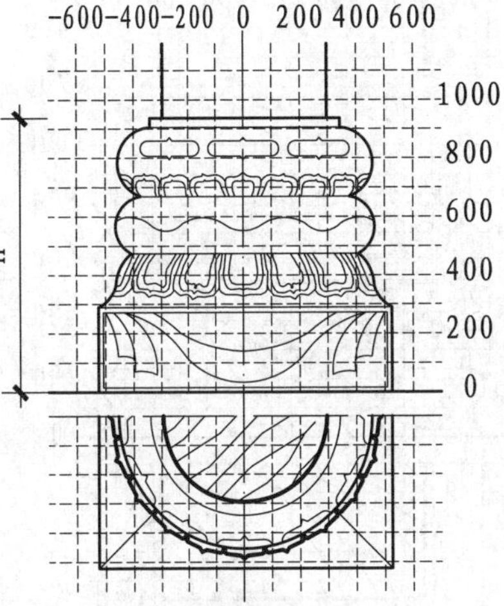　③ 四川 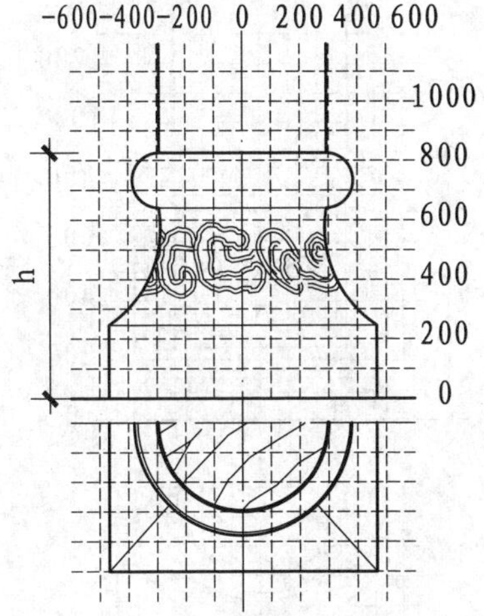　④ 四川

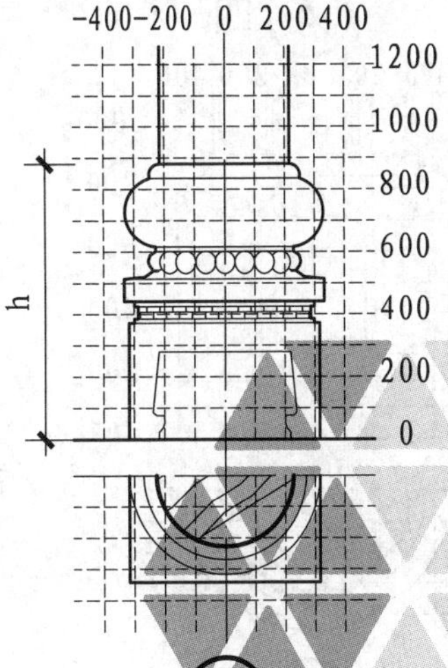

⑤ 山西 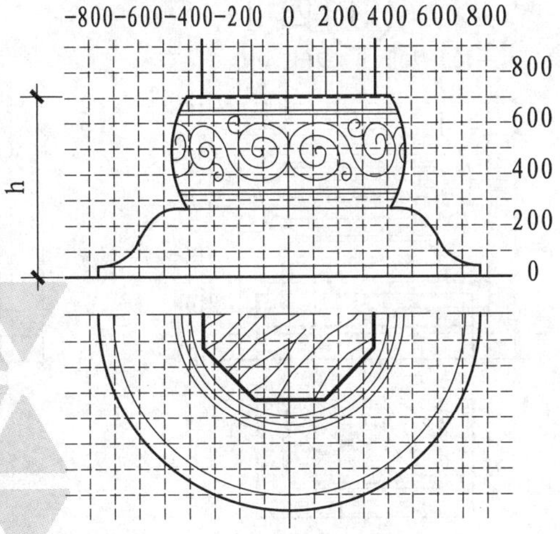　⑥ 曲阜 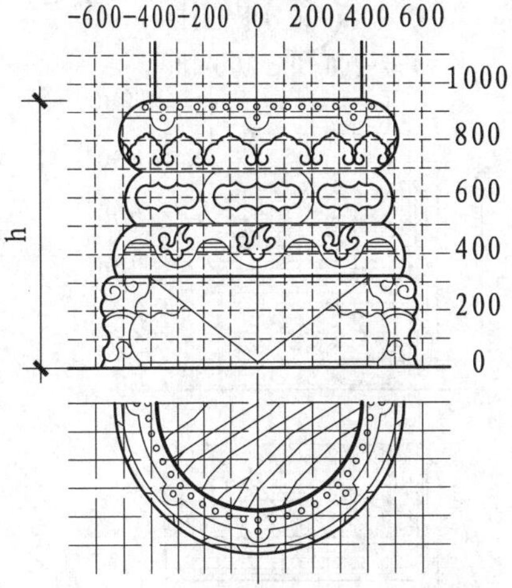　⑦ 四川 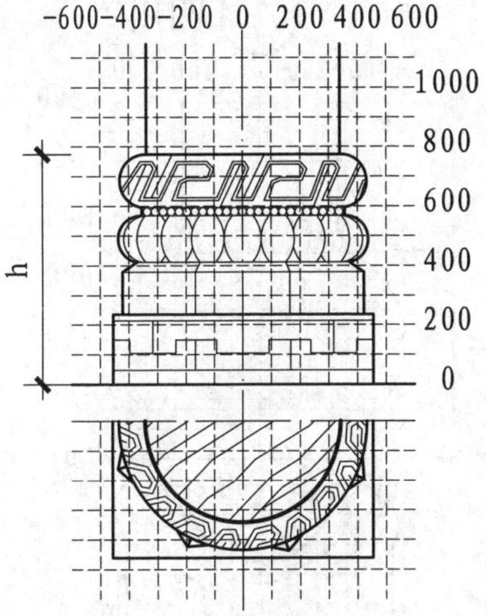　⑧ 四川

注：当设计师选用柱础时，可按图等比例缩放。h为石质柱础高度。

中国传统柱础样式						图集号	16J502-4
审核	饶良修	校对	郭晓明	设计	谈星火	页	G02

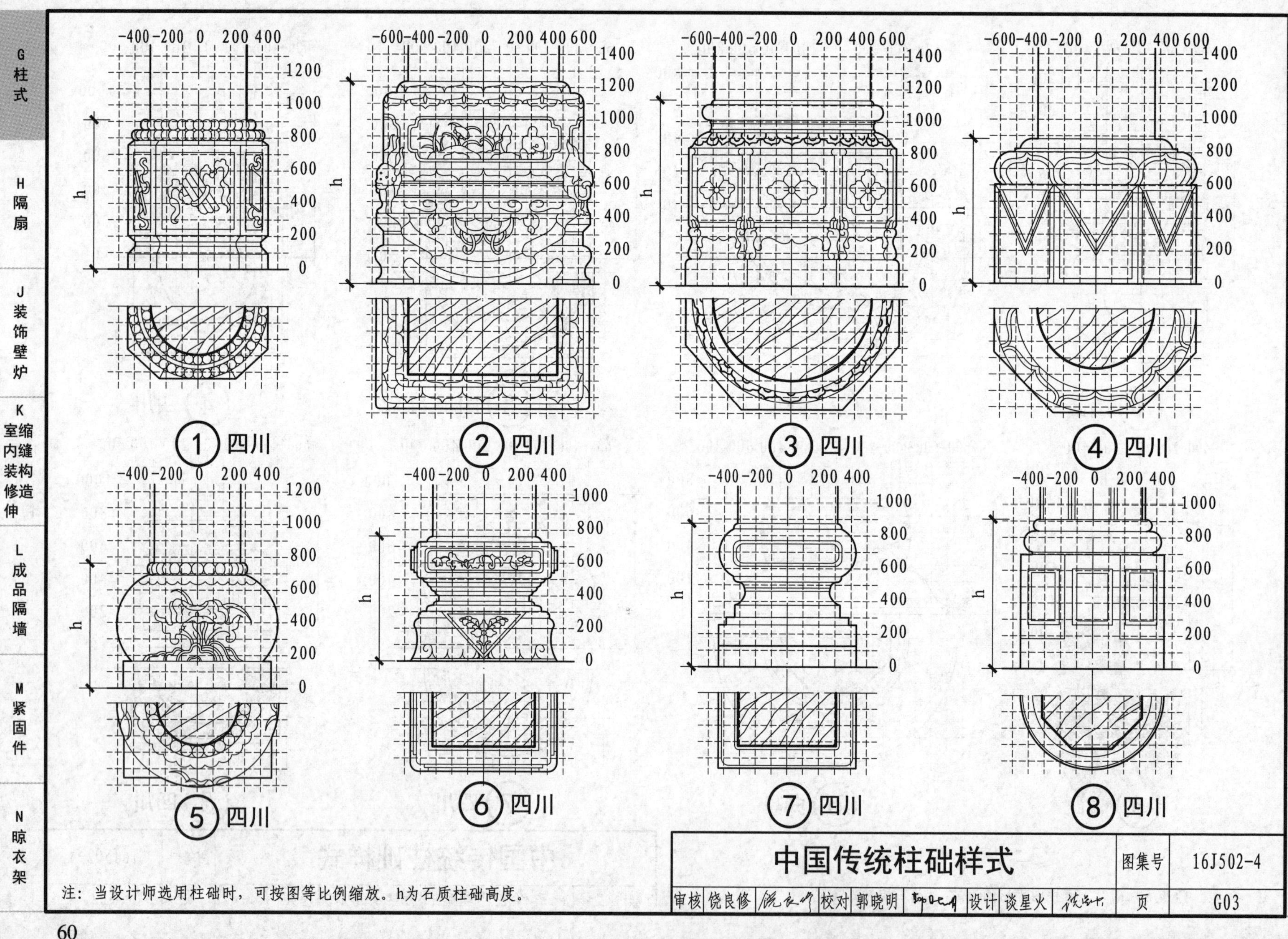

中国传统柱础样式

注：当设计师选用柱础时，可按图等比例缩放。h为石质柱础高度。

审核	饶良修		校对	郭晓明		设计	谈星火		图集号	16J502-4
									页	G03

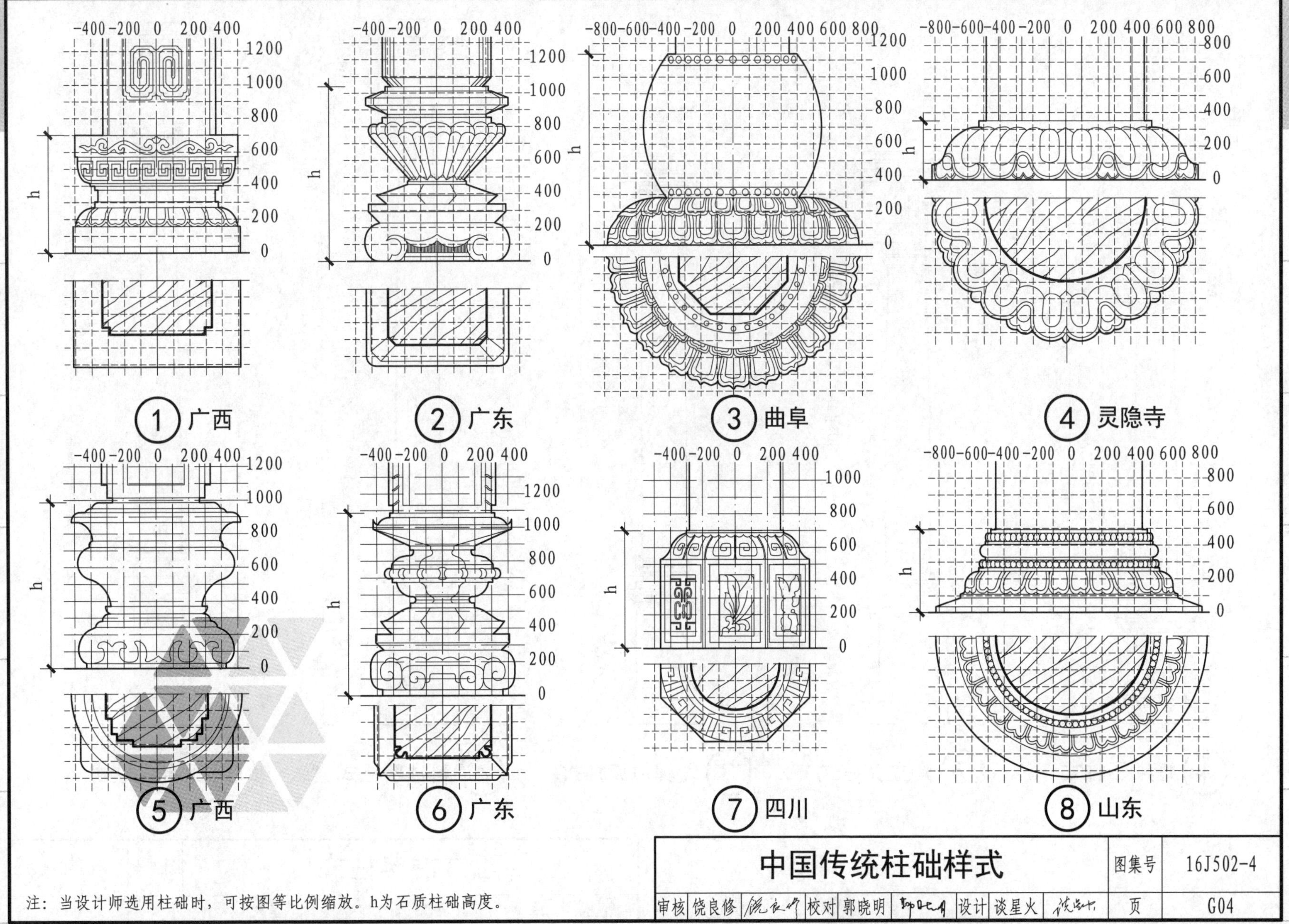

注：当设计师选用柱础时，可按图等比例缩放。h为石质柱础高度。

中国传统柱础样式						图集号	16J502-4
审核	饶良修	校对	郭晓明	设计	谈星火	页	G04

G 柱式　H 隔扇　J 装饰壁炉　K 室内装修　缩缝构造伸　L 成品隔墙　M 紧固件　N 晾衣架

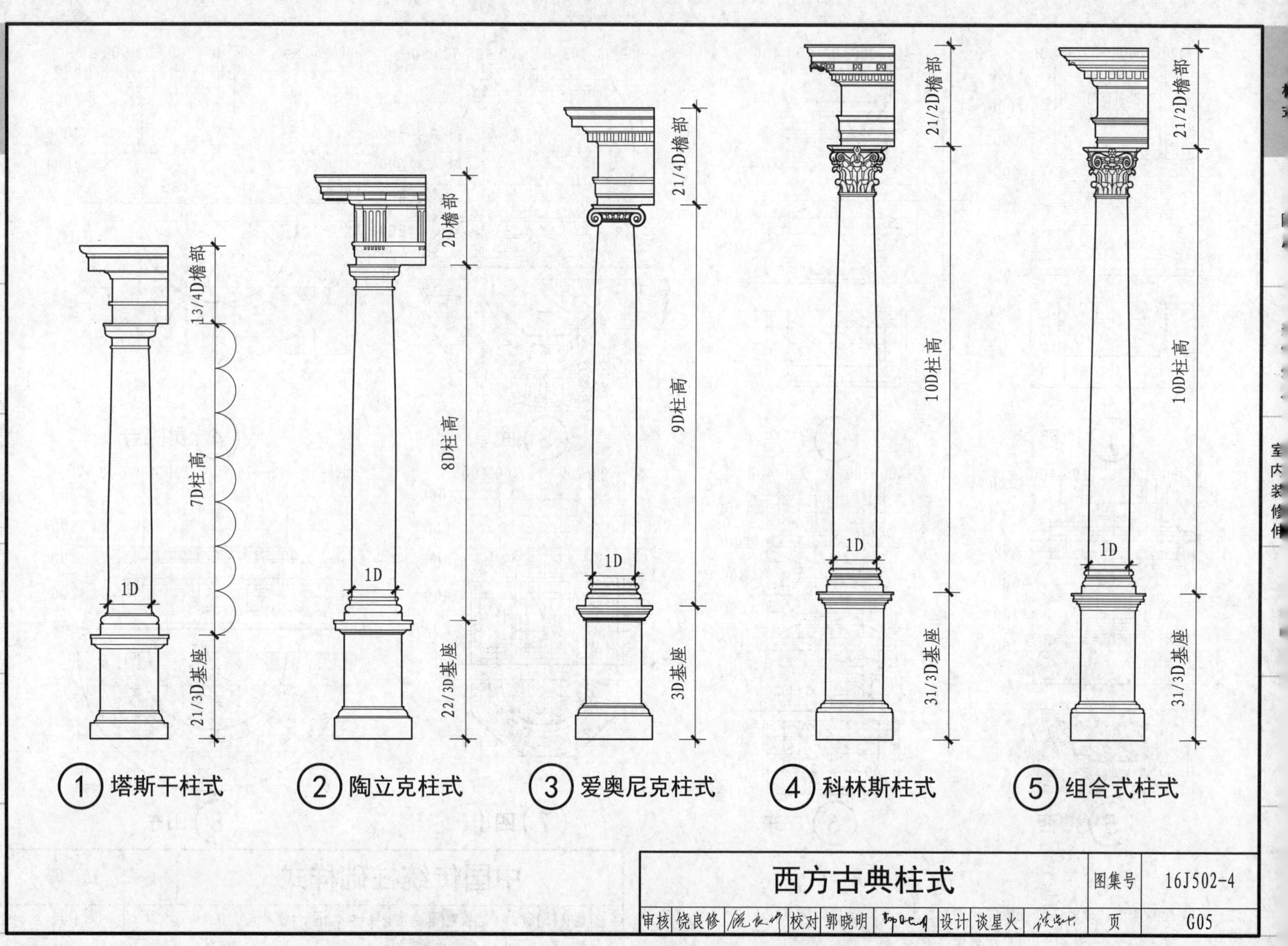

① 塔斯干柱式　② 陶立克柱式　③ 爱奥尼克柱式　④ 科林斯柱式　⑤ 组合式柱式

西方古典柱式							图集号	16J502-4
审核	饶良修		校对	郭晓明		设计	谈星火		页	G05

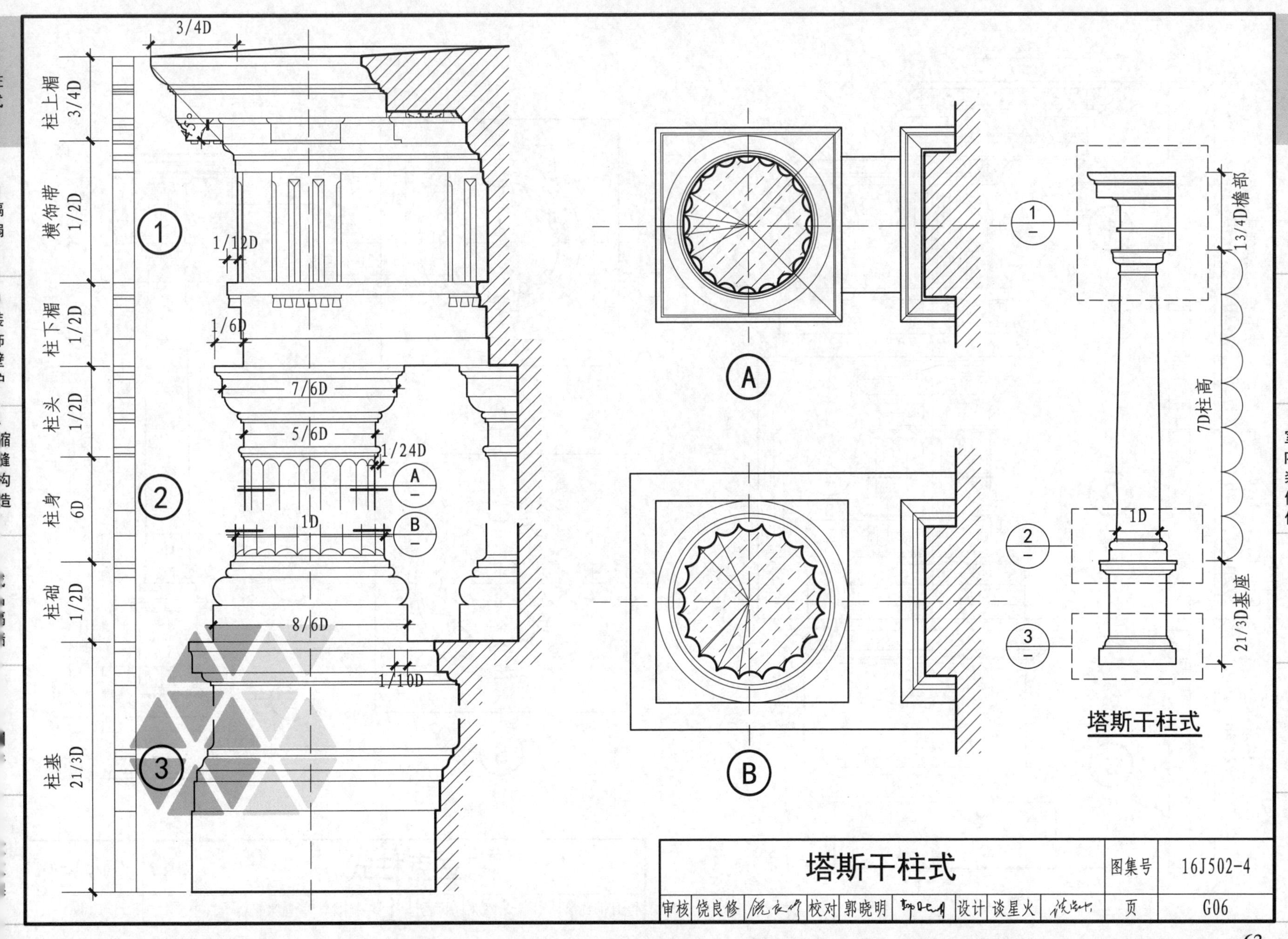

塔斯干柱式						图集号	16J502-4
审核	饶良修	校对	郭晓明	设计	谈星火	页	G06

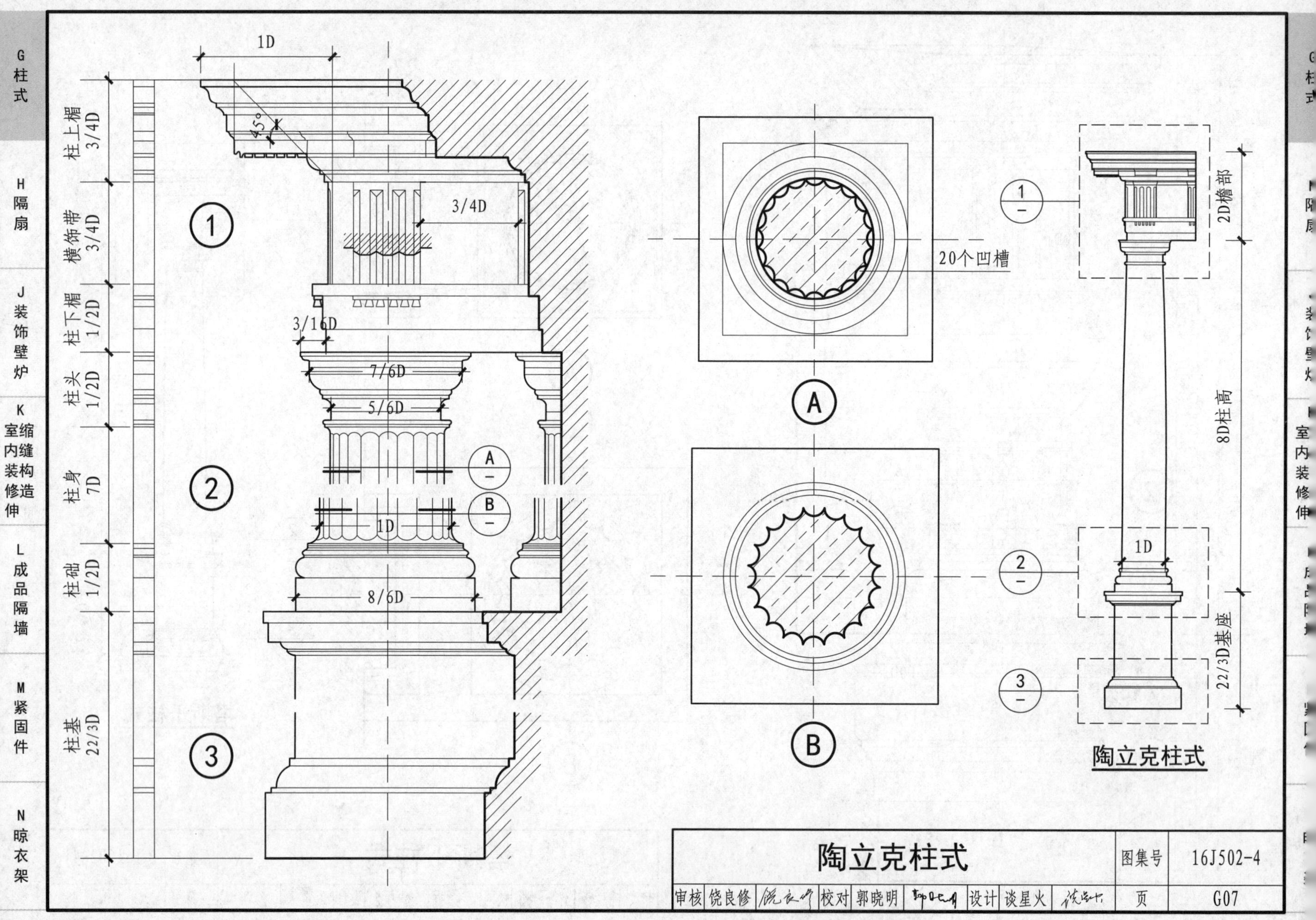

陶立克柱式								图集号	16J502-4
审核	饶良修	饶良修	校对	郭晓明	郭晓明	设计	谈星火	页	G07

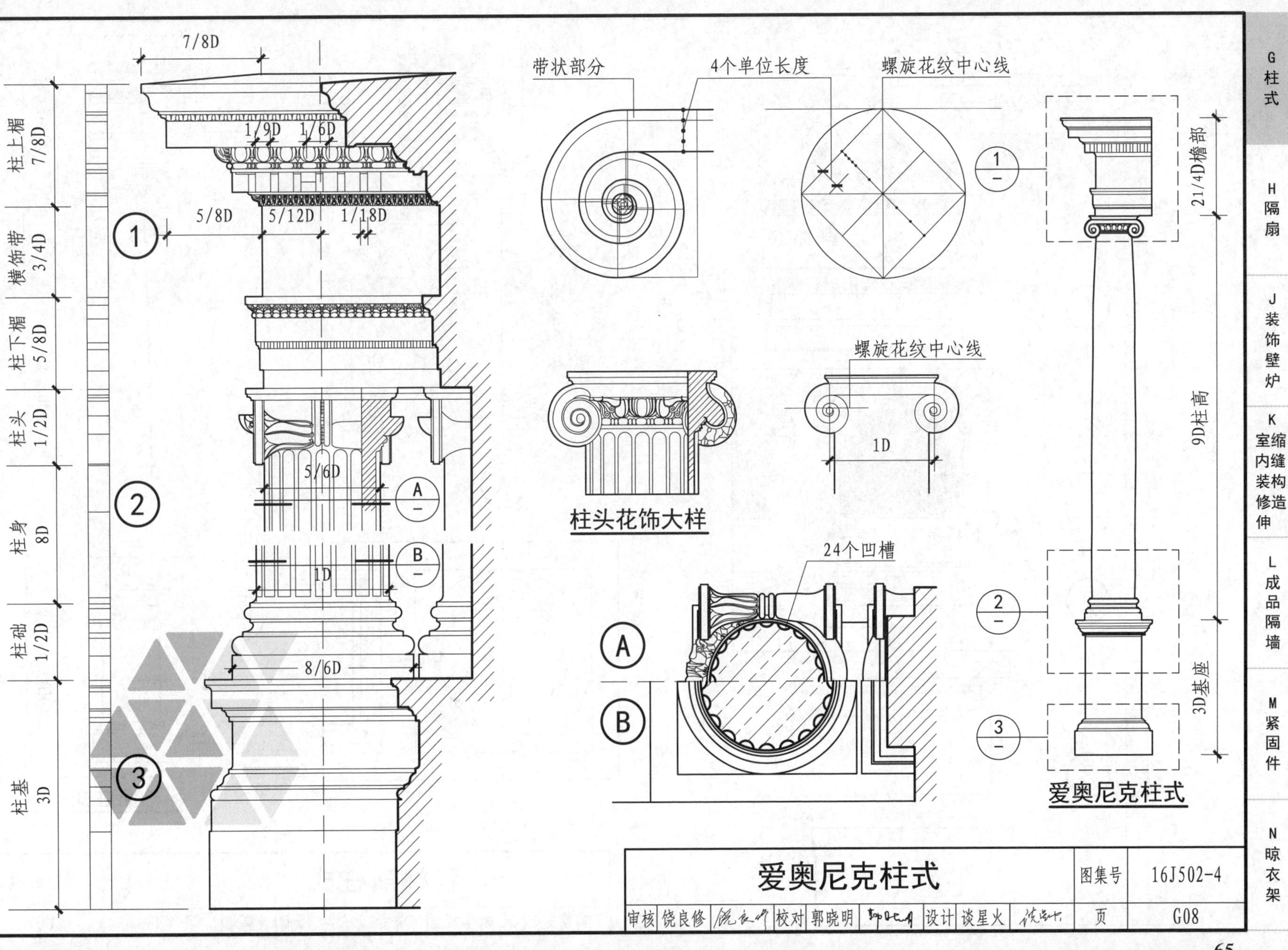

爱奥尼克柱式

审核	饶良修	校对	郭晓明	设计	谈星火	图集号	16J502-4
						页	G08

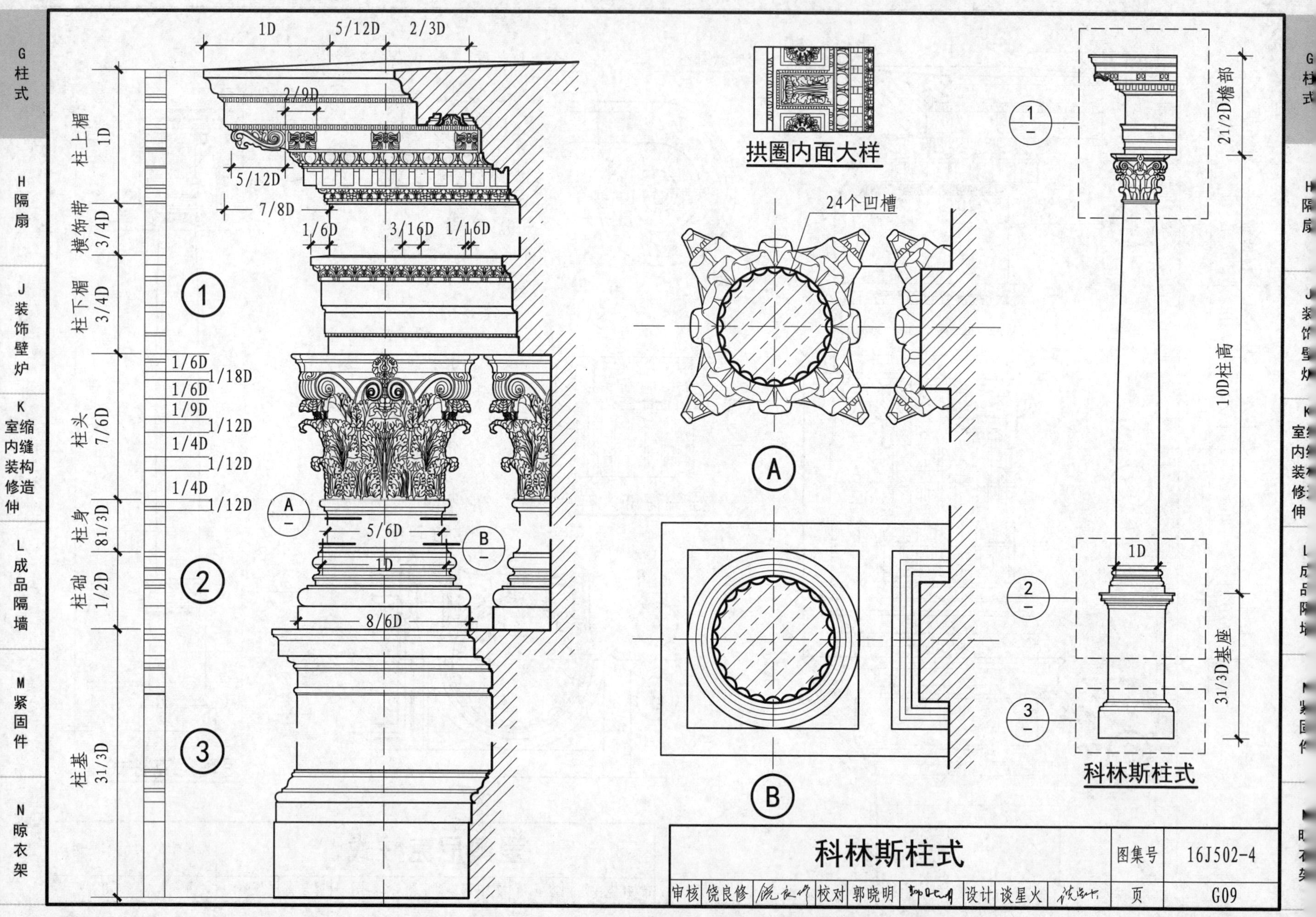

科林斯柱式

图集号	16J502-4
页	G09

审核 饶良修 校对 郭晓明 设计 谈星火

H 隔扇说明

1 隔扇

隔扇也叫屏扇、格扇和隔断，在中国传统建筑中一般作为室内明间分隔装修作用，也在次间及稍间上使用，装修效果很好。根据开间大小，每间可作四扇及六扇隔扇等。隔扇装修主要有上槛、中槛、下槛、抱框、间柱等部分组成。

2 隔扇的分类

按材质可分为:木材、石材、天然透光石、陶板、金属、玻璃（有框、无框）、GRG板等。

3 隔扇的使用

3.1 我国传统建筑中，木装修是建筑构造的重要组成部分。制作装修选材一般比较讲究，如采用红木、黄花梨、楠木、楸木、黄杨等。

3.2 内檐和外檐装修的形式、构造基本相同，只是他不受外界气候条件限制，可以进行较为精细的花饰雕刻，而且样式繁多，断面尺寸也略小。

3.3 内檐隔扇是指在内檐进深（面阔柱）与柱间满做隔扇。根据柱与柱之间的距离，可定为六扇、八扇、十扇等，分扇数量成偶数，我国传统建筑中避免奇数。

3.4 内檐装修的隔扇，往往都配上一些字画及精细的雕刻。透明材料采用平板玻璃或糊纸,也使用一些较高级的材料,如磨砂玻璃、磨花玻璃、五彩玻璃、竹编、纱、绢等。现代隔扇除传统材料外，还有多种多样的材料供设计师选用。

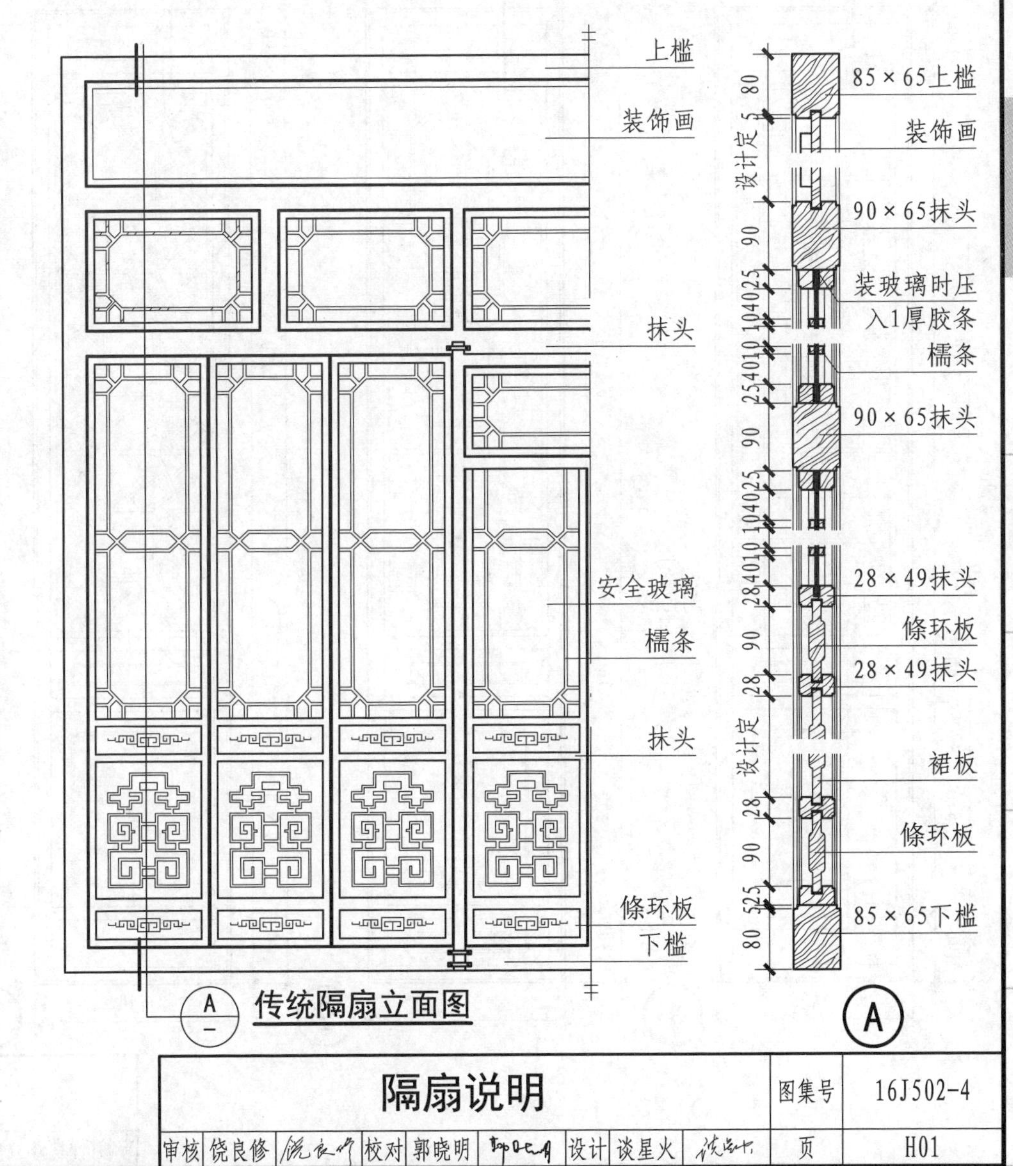

A 传统隔扇立面图

隔扇说明						图集号	16J502-4
审核	饶良修	校对	郭晓明	设计	谈星火	页	H01

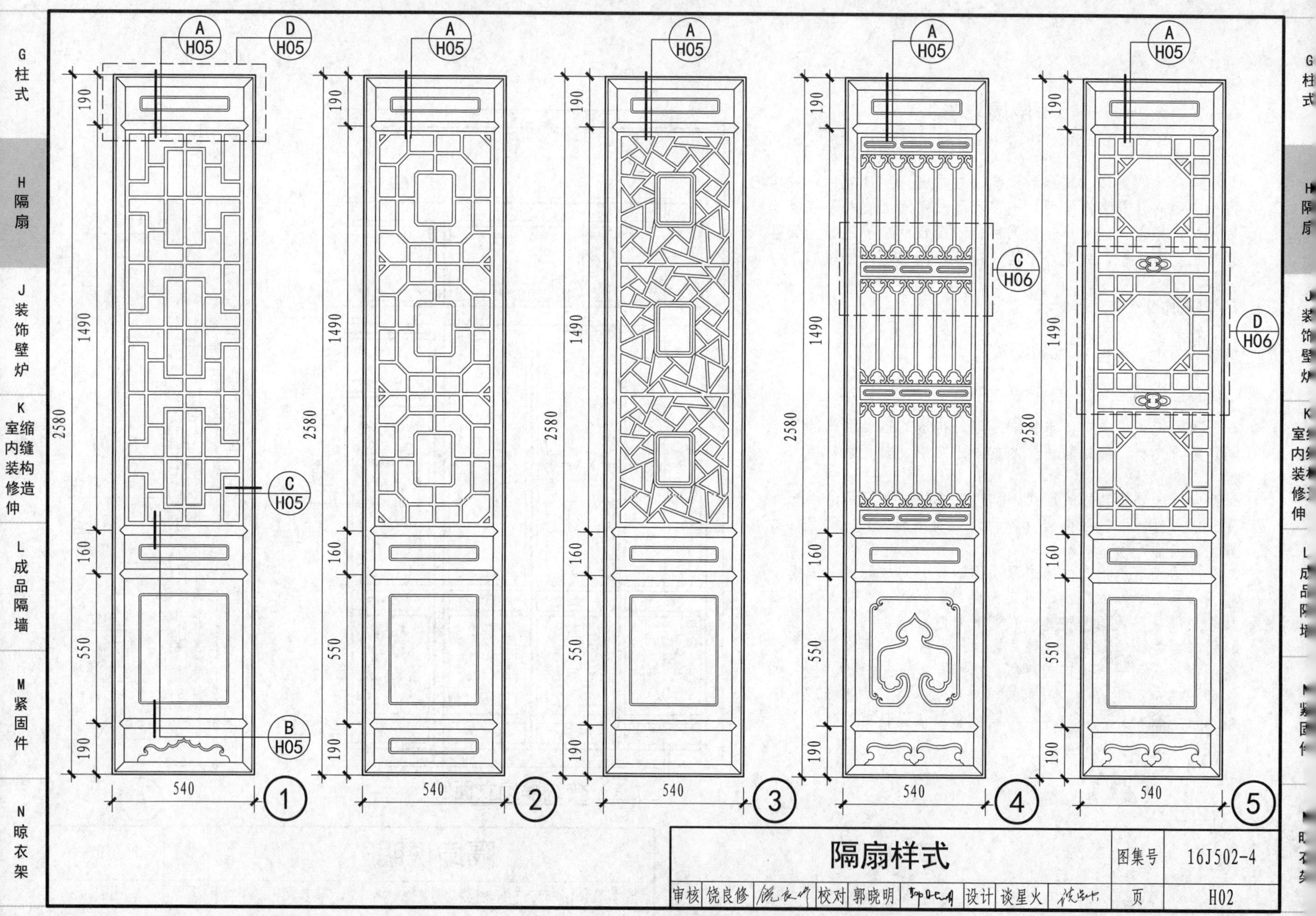

A
H05
D
H05
C
H05
B
H05
C
H06
D
H06
190
1490
160
550
2580
540
1
2
3
4
5
隔扇样式
图集号
16J502-4
审核
饶良修
校对
郭晓明
设计
谈星火
页
H02
G
柱式
H
隔扇
J
装饰壁炉
K
室内装修
缩缝构造伸
L
成品隔墙
M
紧固件
N
晾衣架

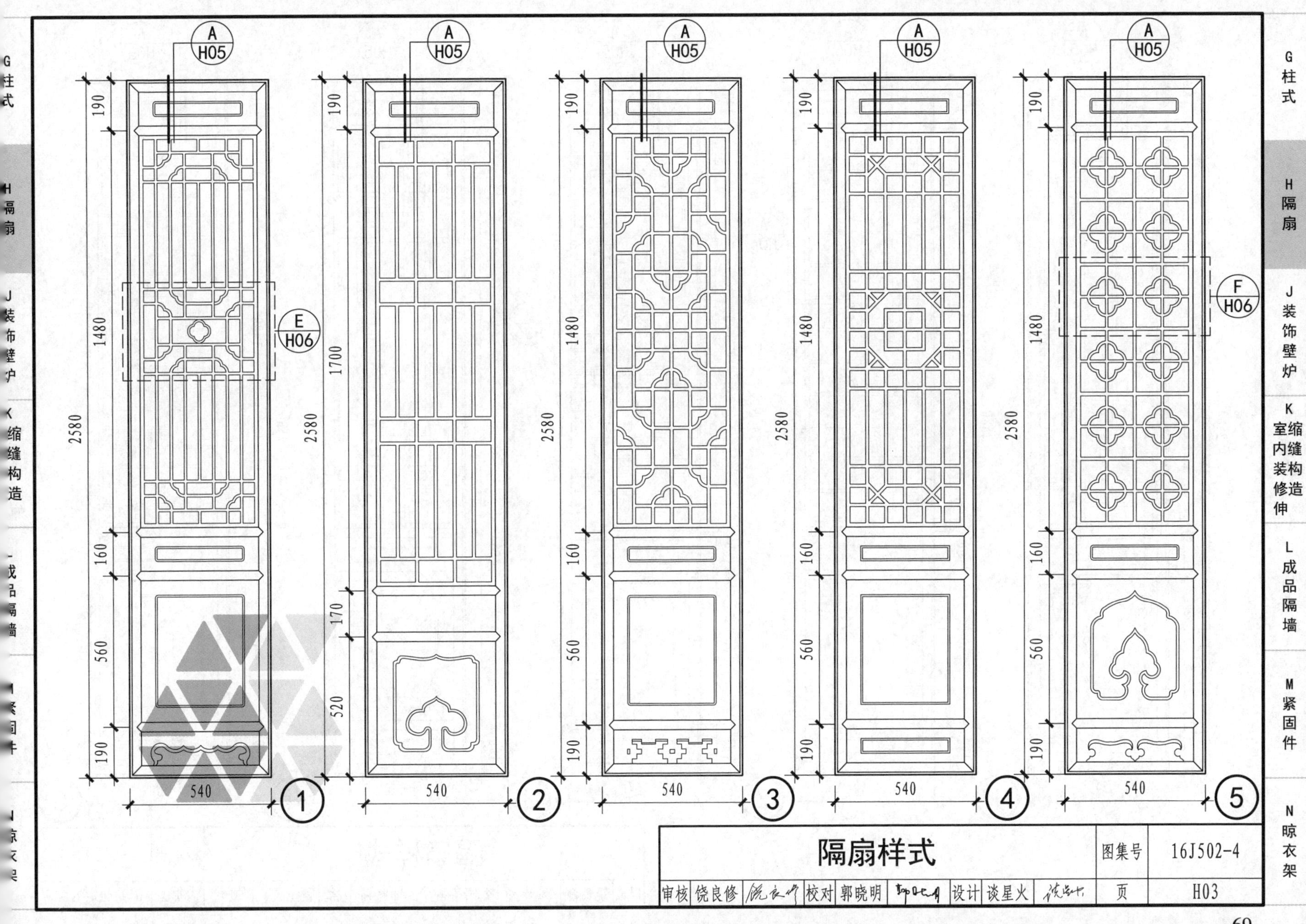

隔扇样式							图集号	16J502-4
审核	饶良修	饶良修	校对	郭晓明	郭晓明	设计	谈星火	谈星火	页	H03

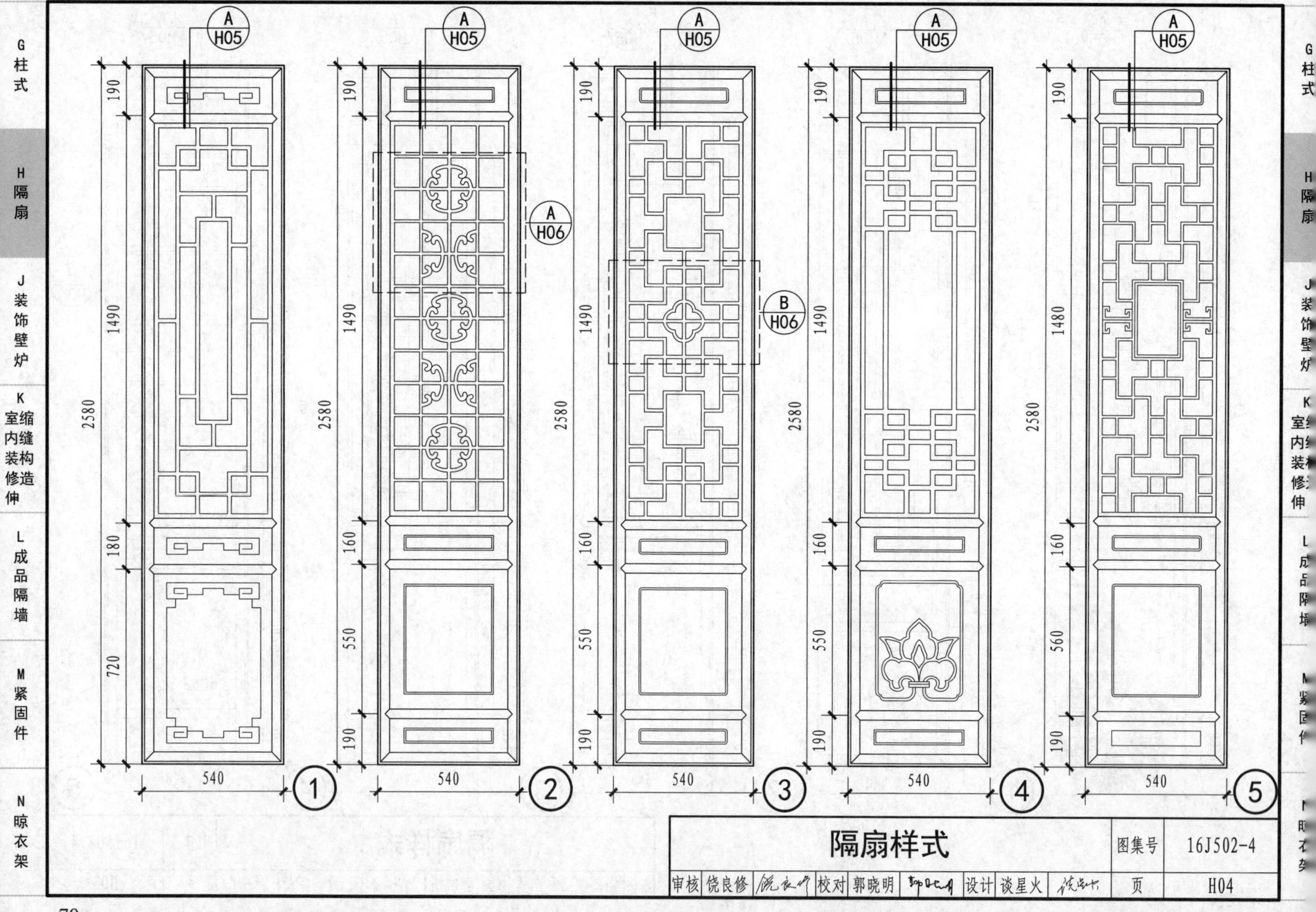

隔扇样式

图集号	16J502-4
审核 饶良修 校对 郭晓明 设计 谈星火	页 H04

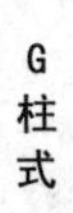
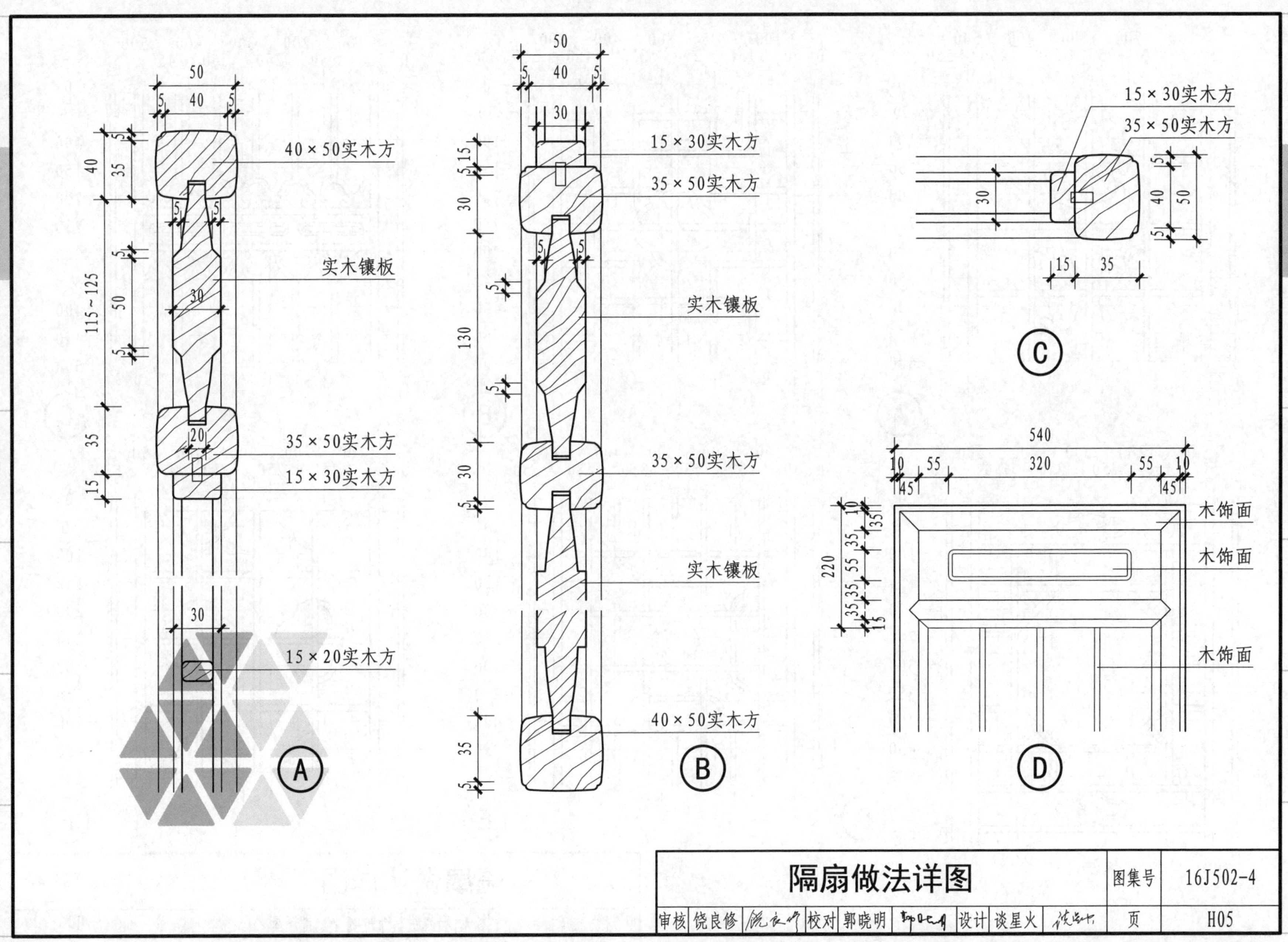

隔扇做法详图

图集号	16J502-4
审核 饶良修 校对 郭晓明 设计 谈星火	页 H05

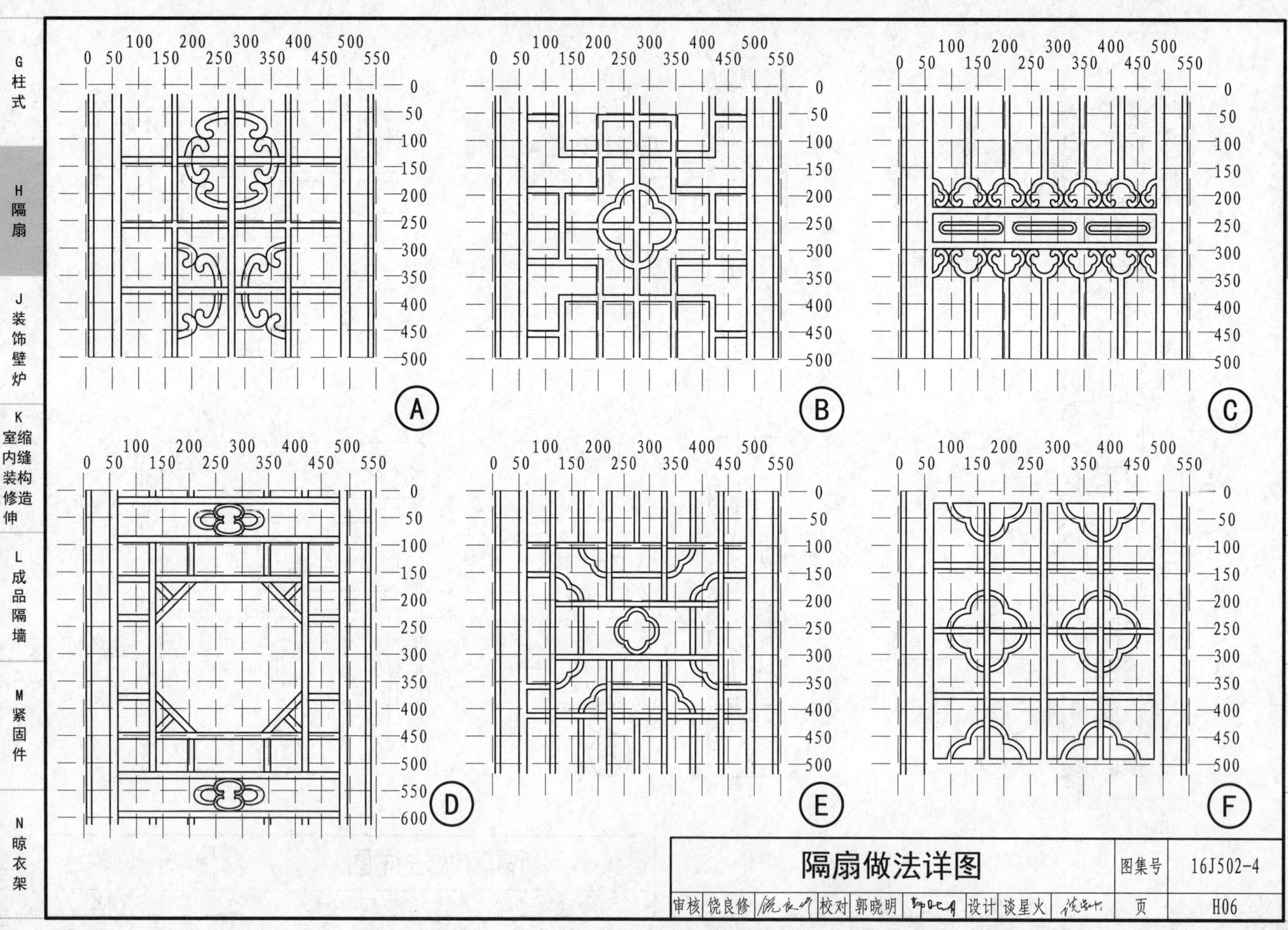

G
柱式
H
隔扇
J
装饰壁炉
K
室内装修
缩缝构造伸
L
成品隔墙
M
紧固件
N
晾衣架
A
B
C
D
E
F
隔扇做法详图
图集号
16J502-4
审核
饶良修
校对
郭晓明
设计
谈星火
页
H06

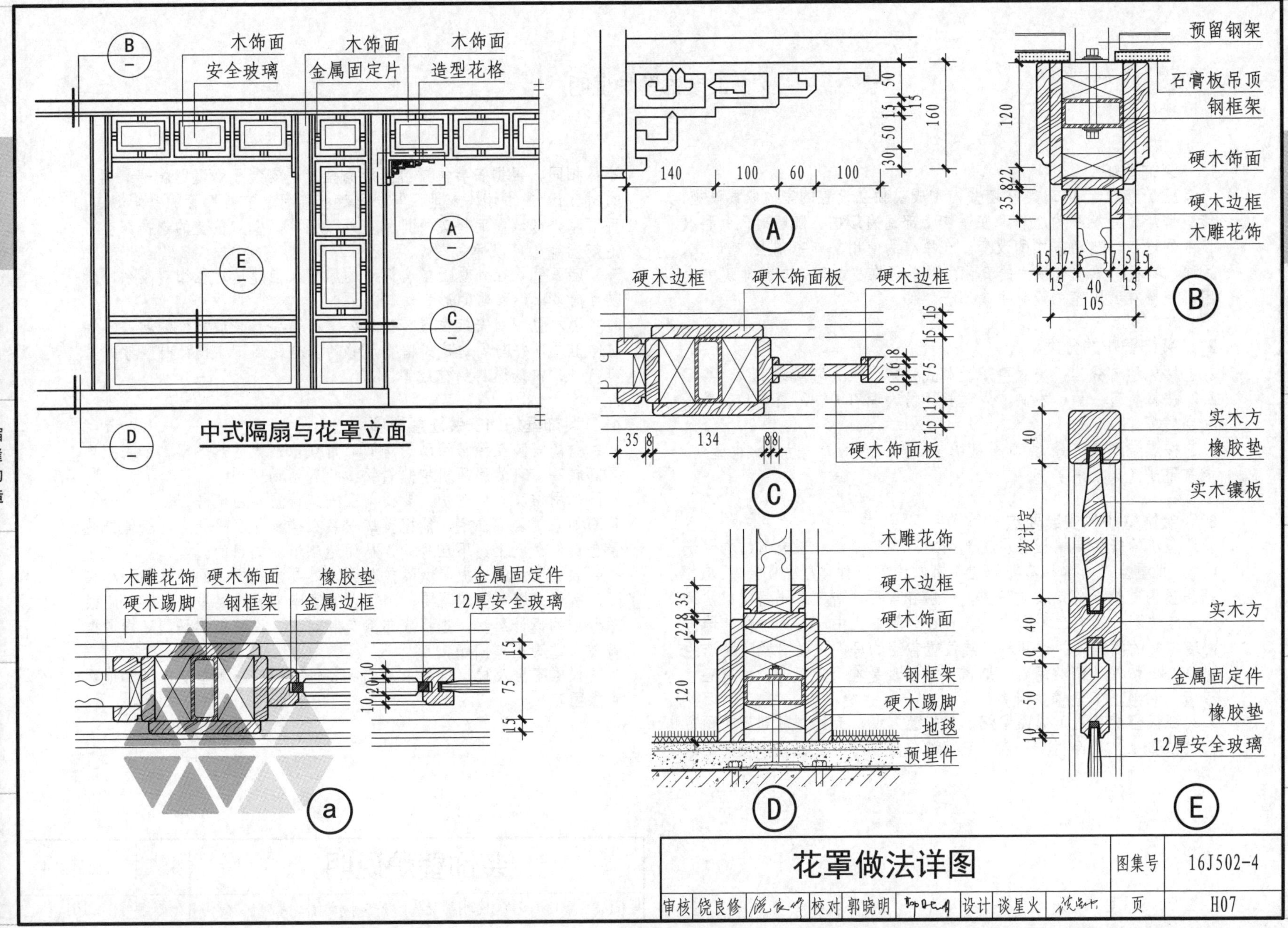

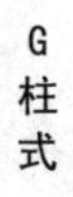

花罩做法详图	图集号	16J502-4
审核 饶良修 校对 郭晓明 设计 谈星火	页	H07

G 柱式
H 隔扇
J 装饰壁炉
K 室内装修缝构造伸缩
L 成品隔墙
M 紧固件
N 晾衣架

G 柱式
H 隔扇
J 装饰壁炉
K 室内装修 缩缝构造伸
L 成品隔墙
M 紧固件
N 晾衣架

J 装饰壁炉说明

1 装饰壁炉

壁炉起源于西方,是在墙壁内砌成或独立设置的室内取暖设施,传统壁炉以可燃物为燃料,在壁炉上部通有烟囱。随着时代和科技技术的进步,生活方式的改变,在原有的使用功能基础上,其形式、品种、材料、热源有极大的变化。目前仍在少数西方居住建筑中使用,壁炉在我国室内设计中多用于装饰。

2 装饰壁炉的分类

2.1 按风格可分为:美式壁炉、英式壁炉、法式壁炉等。

2.2 按材质可分为:木制、大理石(仿大理石)、石膏制品、砖石和金属等。

2.3 按燃烧形式可分为:真火壁炉(燃碳、燃木)、仿真火电壁炉、燃气壁炉(天然气)等。

3 装饰壁炉的安装要点

3.1 壁炉的安装要根据房屋构造确定,现代壁炉一般有钢结构壁炉(工厂批量生产)和砖石壁炉(手工制作)两种类型。安装时,应根据房屋内部情况确定安装位置,一般在客厅、卧室和书房中。房间中安装位置一般有三种形式:一种在分隔墙正中;另一种在外墙与内墙相交的阴角处。这两种安装位置背后的房间,必有紧贴隔墙的另一个壁炉,他们共用同一烟道。第三种是在大厅显著的位置独立设置,一般上下层壁炉对齐。

3.2 现代壁炉普遍为成品壁炉,其安装方便,直接摆放到房间预留好的位置上,成品壁炉一般有良好的售后服务。成品壁炉安装要求不尽相同,根据安装位置再选产品型号。安装无烟道壁炉是最简单的,把烟管通过墙体或地板与机器连接即可。有排烟管的壁炉烟囱,可穿越外部墙壁而将废气排到室外,因此,壁炉位置的选择,要考虑烟囱是否可以通向室外。

3.3 砖石壁炉在外观上虽有怀旧的风格,但建造过程相对复杂,所以目前多以贴面砖的形式仿其效果。

3.4 燃木壁炉对安装位置有特殊要求,需要有直通室外的烟囱。烟囱伸出屋顶并与周边建筑留有足够的安全距离,在设计时应考虑其可行性,包括燃料的存放等。

4 装饰壁炉的安装注意事项

4.1 壁炉安装在经常活动的房间,可获取最大的热效率。如果室内层高较高,可使用风机把热量缓缓吹到活动区域。

4.2 采用仿真火电壁炉,要提前在安装位置预留电源。

4.3 如果是复式住宅,能把壁炉安装在楼梯休息平台上,就能把热量直接传送到上、下层房间,从而达到节能的目的。

4.4 放置壁炉的地板要做隔热处理,其要求根据不同的产品不尽相同。敞开式燃木壁炉需要一个宽大的底座来隔绝火星和灰烬,应根据壁炉的设计风格,选择底座颜色和材质,设置玻璃炉门还要考虑调节火焰大小等问题。

4.5 根据安全及稳定性要求,成品装饰壁炉应与承重实体墙和地面可靠固定。

装饰壁炉说明							图集号	16J502-4
审核	饶良修	(签名)	校对	郭晓明	(签名)	设计	谈星火 (签名)	页 J01

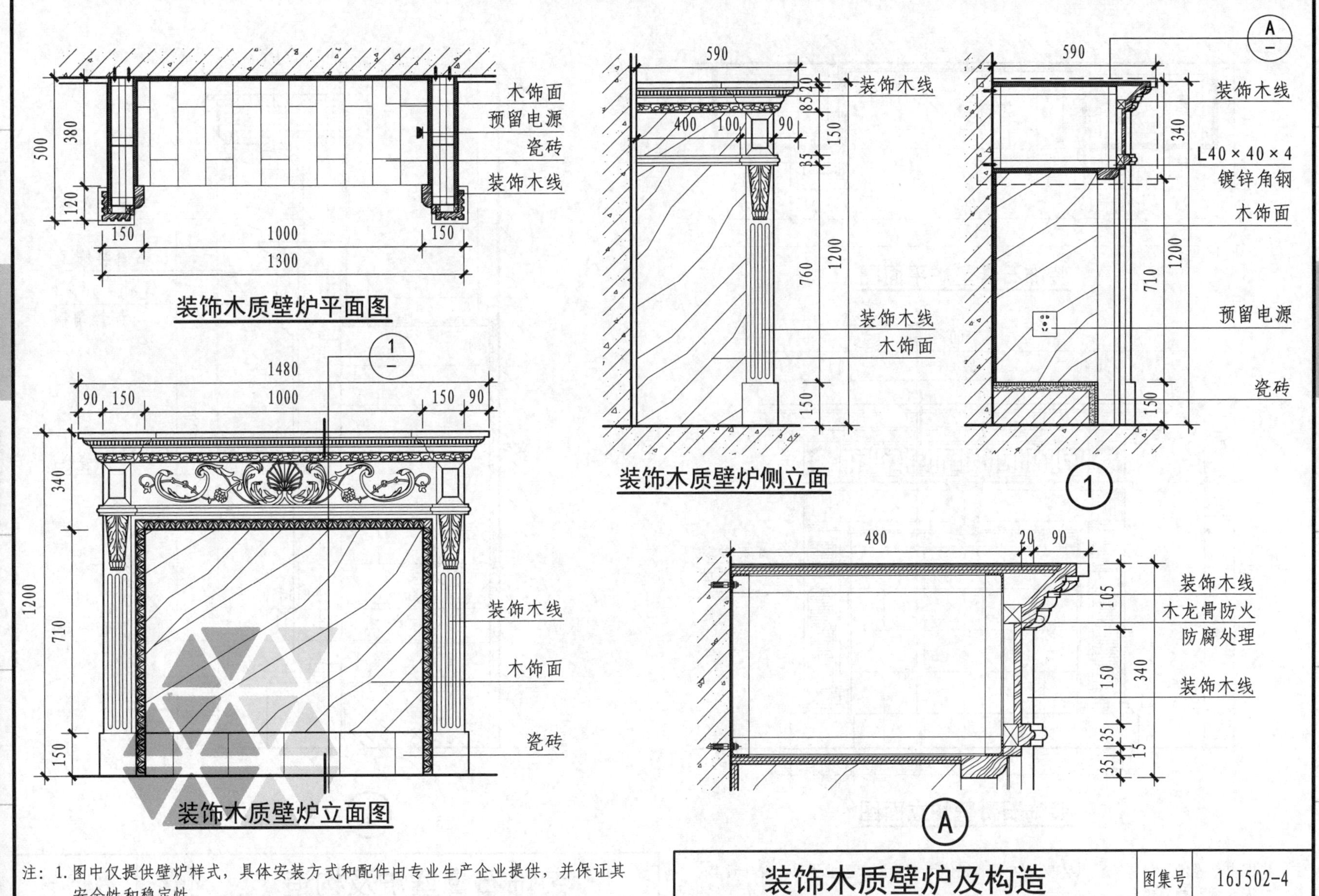

注：1. 图中仅提供壁炉样式，具体安装方式和配件由专业生产企业提供，并保证其安全性和稳定性。
2. 现在装饰壁炉一般不设排烟装置；如采用电子仿真火设备应提前预留电源。

装饰木质壁炉及构造							图集号	16J502-4
审核	饶良修		校对	郭晓明		设计	谈星火		页	J02

G 柱式
H 隔扇
J 装饰壁炉
K 室内缩缝装修构造伸
L 成品隔墙
M 紧固件
N 晾衣架

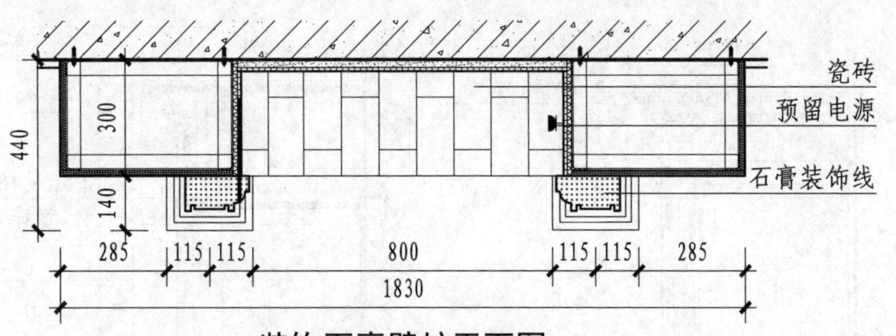

装饰石膏壁炉平面图

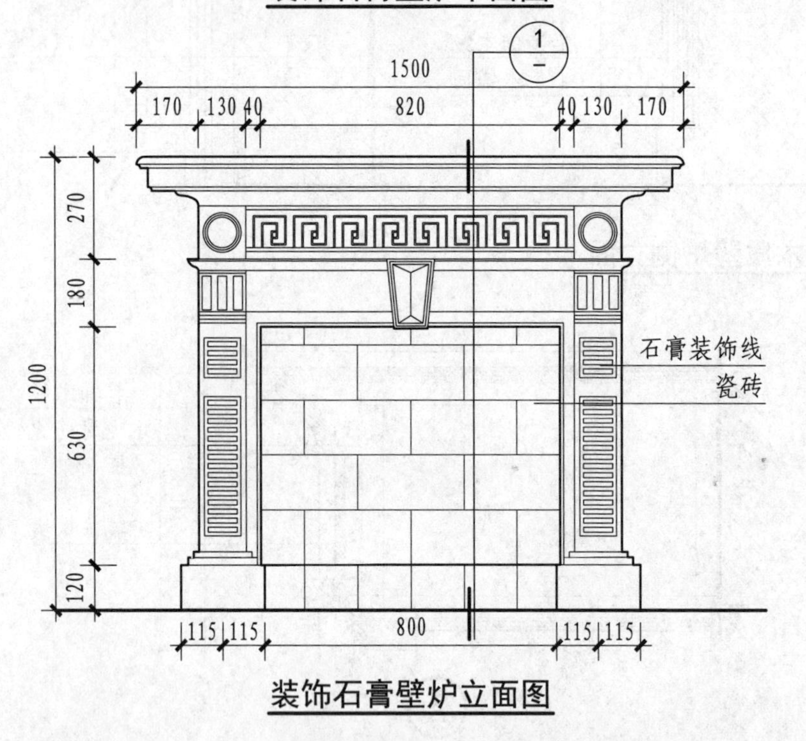

装饰石膏壁炉立面图

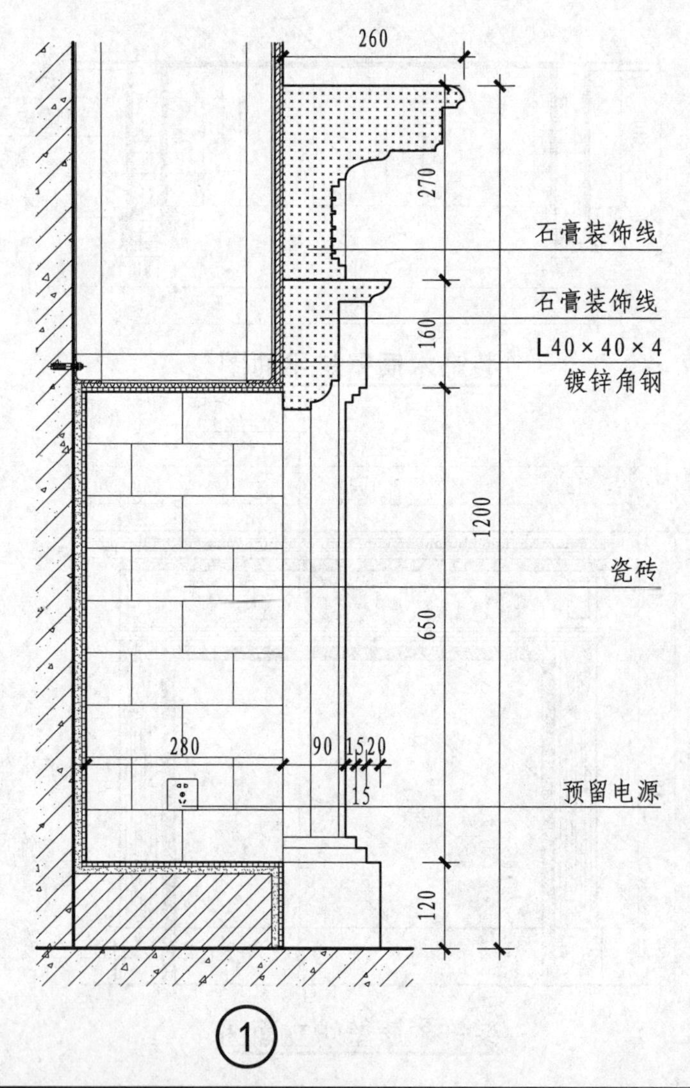

注：1. 图中仅提供壁炉样式，具体安装方式和配件由专业生产企业提供，并保证其安全性和稳定性。
2. 现在装饰壁炉一般不设排烟装置；如采用电子仿真火设备应提前预留电源。

装饰石膏壁炉及构造								图集号	16J502-4
审核	饶良修		校对	郭晓明		设计	谈星火	页	J03

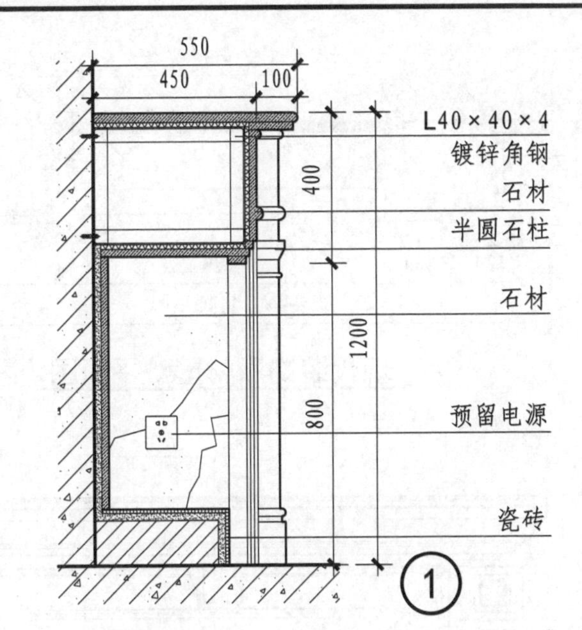

古典装饰石材壁炉平面图

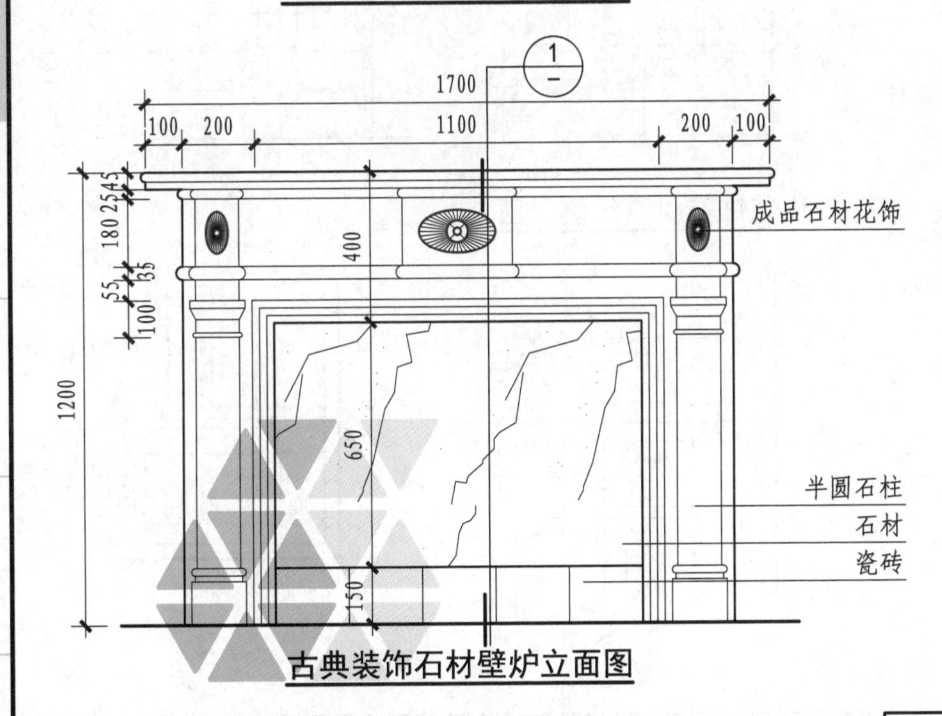

古典装饰石材壁炉立面图

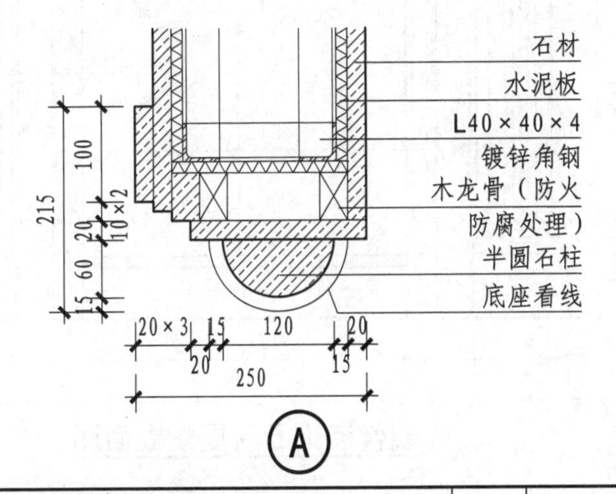

注：1. 图中仅提供壁炉样式，具体安装方式和配件由专业生产企业提供，并保证其安全性和稳定性。
2. 现在装饰壁炉一般不设排烟装置；如采用电子仿真火设备应提前预留电源。

古典装饰石材壁炉及构造						图集号	16J502-4
审核 饶良修		校对 郭晓明		设计 谈星火		页	J04

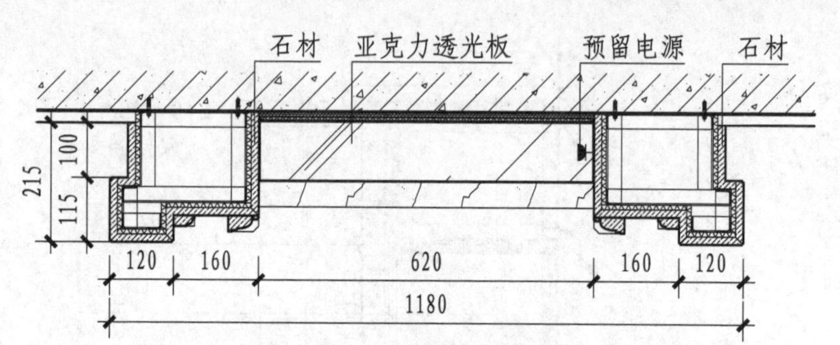

现代装饰石材壁炉平面图

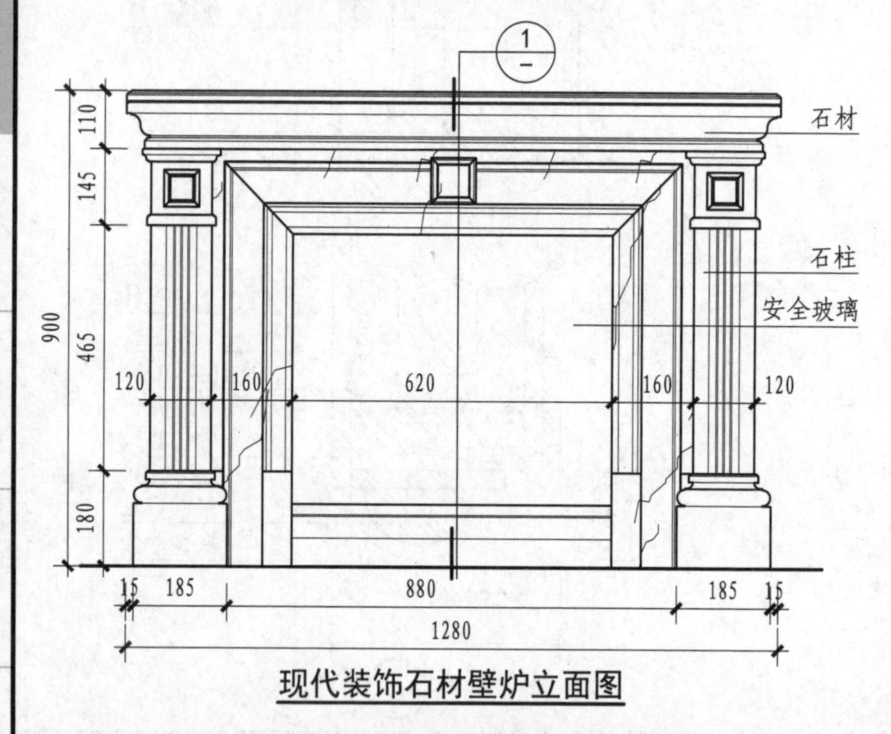

现代装饰石材壁炉立面图

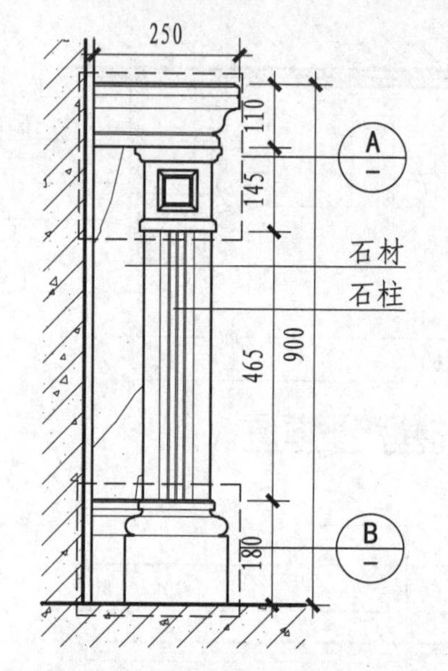

现代装饰石材壁炉侧立面

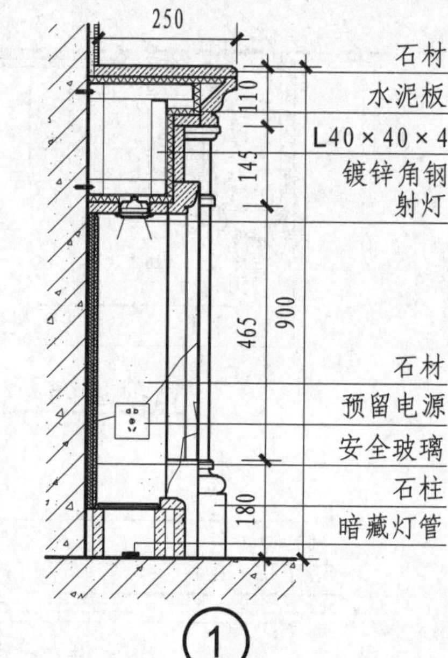

1

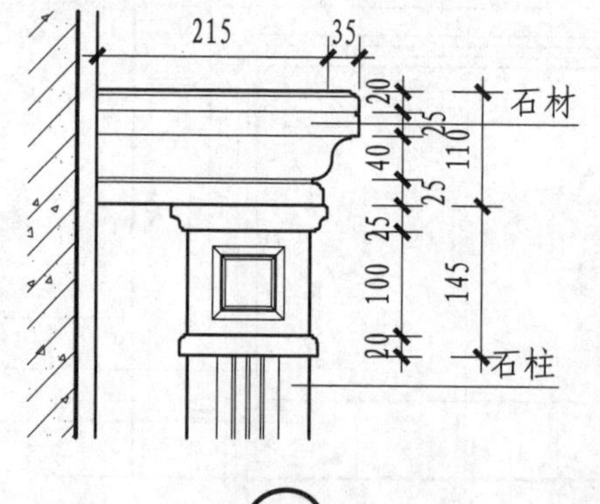

A

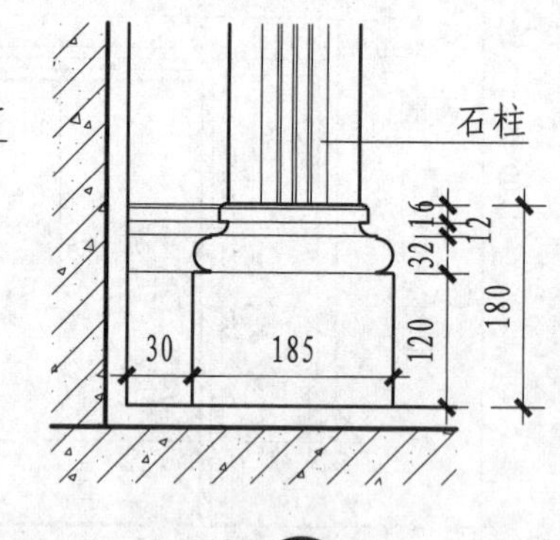

B

注：1. 图中仅提供壁炉样式，具体安装方式和配件由专业生产企业提供，并保证其安全性和稳定性。
2. 现在装饰壁炉一般不设排烟装置；如采用电子仿真火设备应提前预留电源。

现代装饰石材壁炉及构造								图集号	16J502-4
审核	饶良修	（签名）	校对	郭晓明	（签名）	设计	谈星火	页	J05

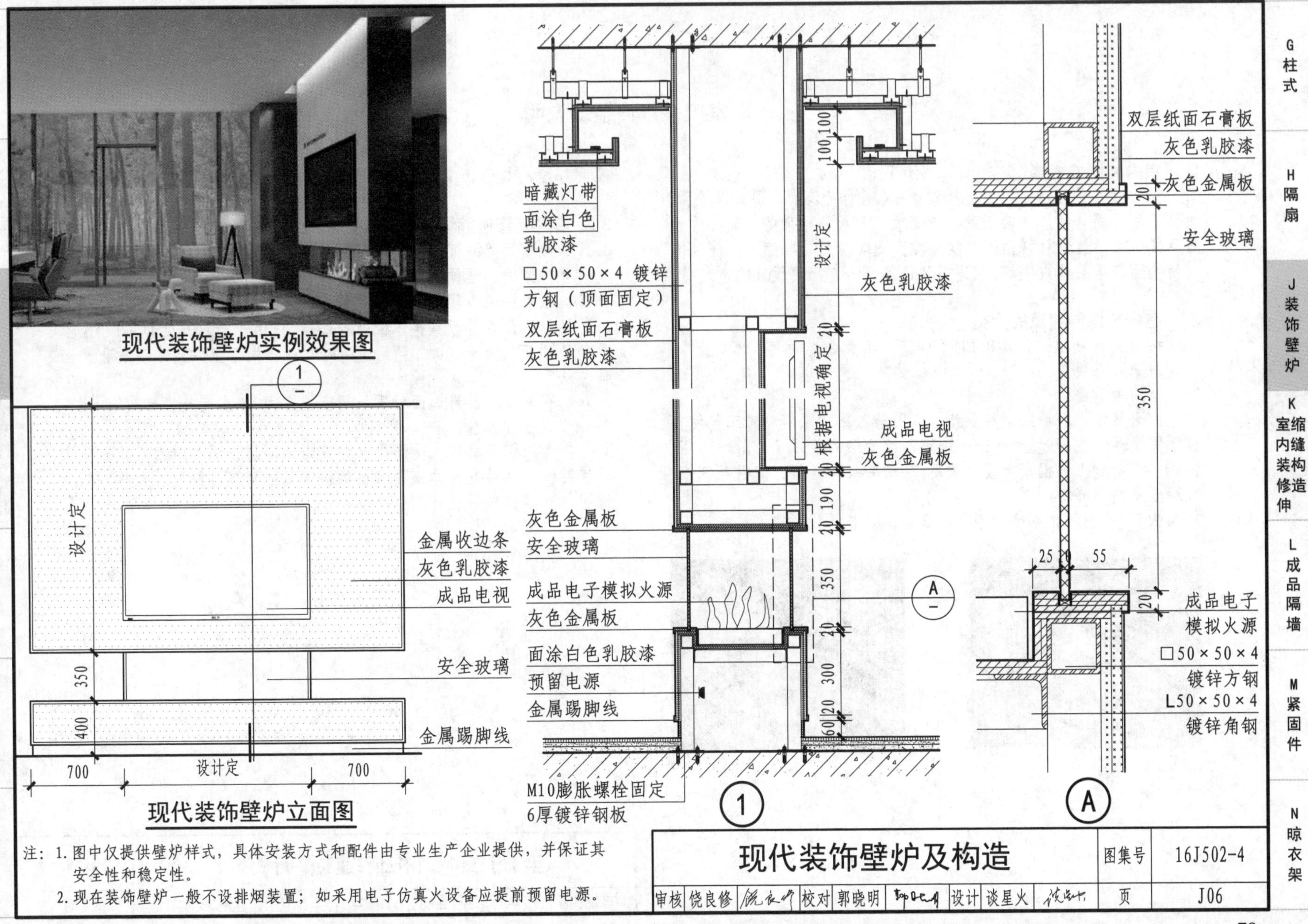
现代装饰壁炉实例效果图
1
设计定
350
400
700
设计定
700
金属收边条
灰色乳胶漆
成品电视
安全玻璃
金属踢脚线
现代装饰壁炉立面图
暗藏灯带
面涂白色
乳胶漆
□50×50×4 镀锌
方钢（顶面固定）
双层纸面石膏板
灰色乳胶漆
灰色金属板
安全玻璃
成品电子模拟火源
灰色金属板
面涂白色乳胶漆
预留电源
金属踢脚线
M10膨胀螺栓固定
6厚镀锌钢板
100
100
设计定
20
根据电视确定
20
190
20
350
20
300
20
60
灰色乳胶漆
成品电视
灰色金属板
A
1
双层纸面石膏板
灰色乳胶漆
20
灰色金属板
安全玻璃
350
25
20
55
20
成品电子
模拟火源
□50×50×4
镀锌方钢
L50×50×4
镀锌角钢
A
G 柱式
H 隔扇
J 装饰壁炉
K 室内装修 缩缝构造伸
L 成品隔墙
M 紧固件
N 晾衣架
注：1.图中仅提供壁炉样式，具体安装方式和配件由专业生产企业提供，并保证其安全性和稳定性。
2.现在装饰壁炉一般不设排烟装置；如采用电子仿真火设备应提前预留电源。
现代装饰壁炉及构造
图集号 16J502-4
审核 饶良修
校对 郭晓明
设计 谈星火
页 J06

K 室内装修伸缩缝说明

1　室内装修伸缩缝

室内装修伸缩缝是指在施工过程中,室内（墙面、顶面、地面）大面积采用同一材质（轻钢龙骨石膏板、石材、地砖等）时，为预防及减少室内装饰材料由于气候温度变化（热胀、冷缩），使装饰面材表面产生裂缝或破坏,在适当部位每隔一定距离设置的构造缝。

2　室内装修伸缩缝的分类

按材质可分为：金属（304不锈钢、铝合金、铜）、PE橡胶、金属与橡胶合成等。

2.1 合成伸缩缝:

由金属板、PE橡胶缓冲层组成。PE橡胶缓冲层经特殊工艺使其与金属板粘结在一起,而形成一个可伸缩变形的整体（见图K-1、图K-2）,在材质上根据设计要求选用,PE橡胶层弹性好、使用寿命长。

2.2 金属伸缩缝:

由304不锈钢、铝合金或铜加工而成，根据设计观感要求选用不同厚度，其形状多为I型、L型、T型。

图K-1

图K-2

3　室内装修伸缩缝设置基本要求

3.1 建筑物预留的沉降缝或温度伸缩缝在室内装饰施工过程中必须要设置伸缩缝。该伸缩缝和装饰层的伸缩缝可并连在一起，需要在施工前根据图纸或现场实际条件设置。

3.2 轻钢龙骨石膏板等整体板材类吊顶,当用于走廊长度超过12m或单间吊顶面积大于100m^2,且无造型时宜适当根据整体装饰效果设置伸缩缝。

3.3 以石材或地砖为地面材质采用密铺方式,当房间长度超过8m时,每8m宜设置伸缩缝。

3.4 当大面积采用整体现浇式水磨石为地面装饰面材时，应根据现场实际土建条件结合建筑物预留的沉降缝或温度伸缩缝、结构柱四周等，在其部位设置伸缩缝。

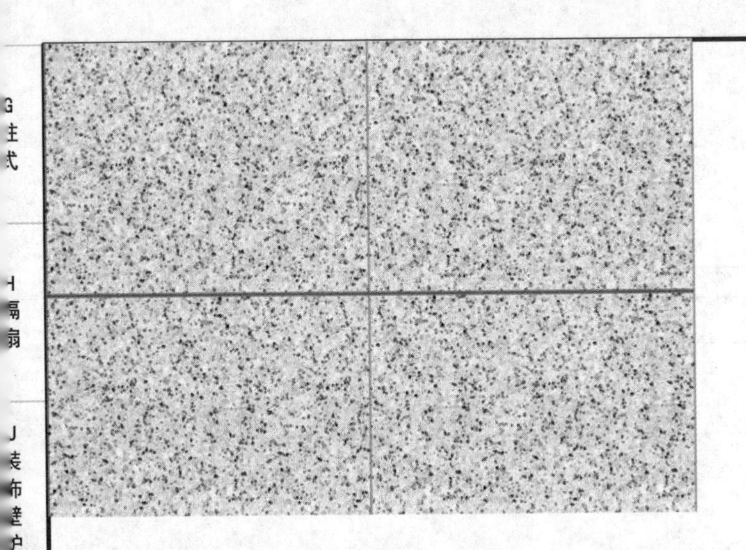

楼(地)面伸缩缝（嵌I型金属条）实例图

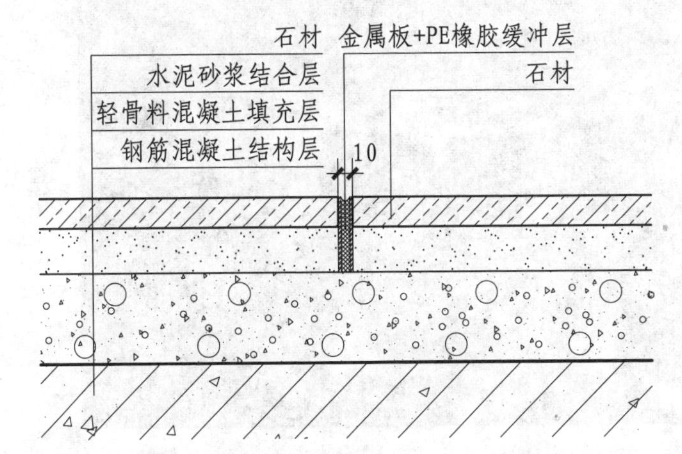

② 石材与石材伸缩缝（嵌I型金属条）做法

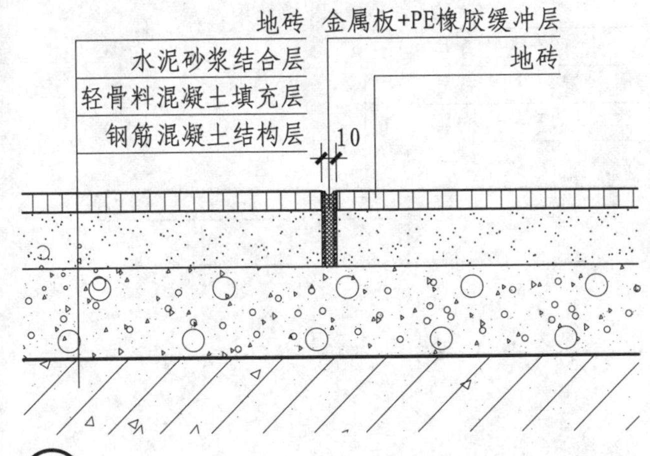

① 地砖与地砖伸缩缝（嵌I型金属条）做法

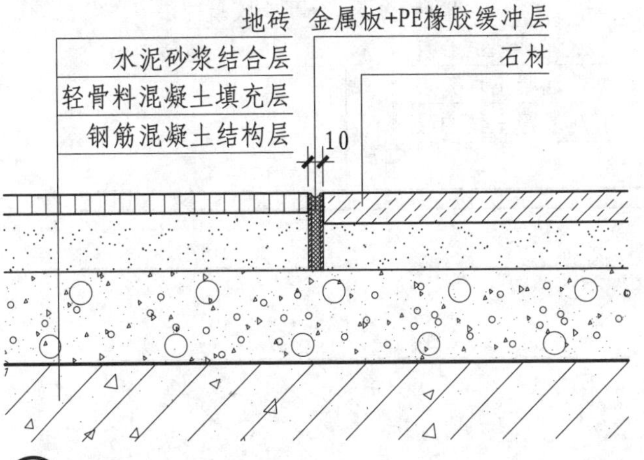

③ 地砖与石材伸缩缝（嵌I型金属条）做法

注：本页以楼面为例编制。

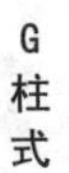

楼(地)面伸缩缝（嵌I型金属条）做法							图集号	16J502-4
审核	饶良修	校对	郭晓明		设计	饶劢	页	K02

楼(地)面伸缩缝（嵌L型金属条）实例图

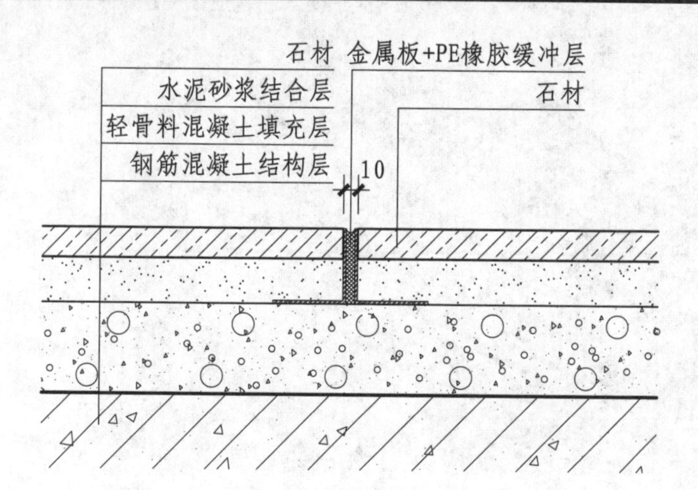

② 石材与石材伸缩缝（嵌L型金属条）做法

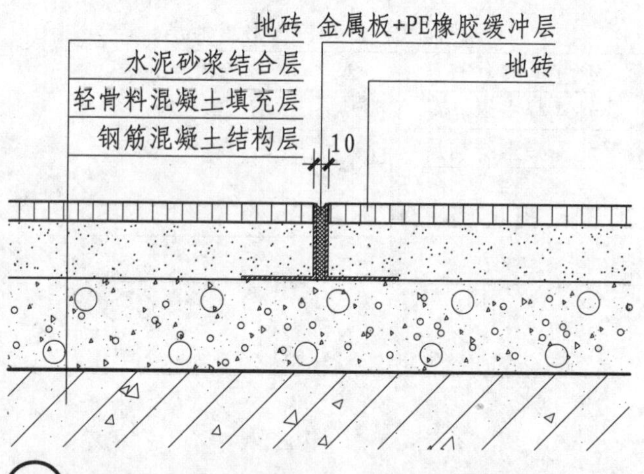

① 地砖与地砖伸缩缝（嵌L型金属条）做法

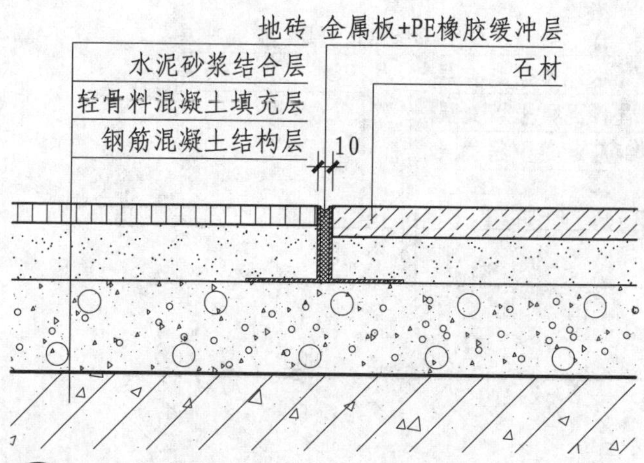

③ 地砖与石材伸缩缝（嵌L型金属条）做法

注：本页以楼面为例编制。

楼(地)面伸缩缝（嵌L型金属条）做法							图集号	16J502-4
审核	饶良修	饶良修	校对	郭晓明	郭晓明	设计	饶劢	饶劢	页	K03

L 成品隔墙说明

1 选材及加工工艺

1.1 型材：内部龙骨、外部固定饰面型材选用0.45～1.0厚度的热镀锌合金钢板进行全自动连续辊压成型，型材外露面采用静电粉末喷涂工艺处理。

1.2 实木饰面板：基材使用国产优质E1级板材，厚度为12～13，正面和背面使用UV环保油漆，紫外线光固化工艺。饰面板正面和背面粘贴同样厚度木皮，木皮厚度≥0.6，减少饰面板在使用过程中的板面变形度。

2 技术标准

2.1 防火要求：应根据使用功能的要求选择不同耐火极限的成品隔墙系统。

2.2 隔声要求：Rw在37～45dB之间，满足办公楼宇室内分隔墙的隔声要求。

2.3 环保要求：实体饰面产品的胶和表面油漆均应满足无醛标准要求，保证实体饰面板在使用过程中无任何有害物挥发，应满足国家关于室内环境标准要求。

3 功能及特点

3.1 功能性：具备空间分隔、精装修效果、隔声、穿线、耐火、抗冲击强度功能；龙骨系统能够与建筑结构连接，有对应的节点；隔墙系统能够实现与地面、天花安装的简单快捷性；兼顾消防、空调等管线以及强电、弱电工程施工适配关系；具有龙骨通顶、墙体质量轻、快速拆装、绿色环保、工厂定制化生产、符合耐火性能和隔声性能的标准。

3.2 装饰性：可用于建筑内实体墙的单侧表面装修工程和独立墙体使用，满足精装修效果，具备消防设施、电力设施、转角、包柱的具体解决方案，模块之间连接可选用外露线条也可选用隐形线条或无线条。单侧挂板隔墙、双层玻璃隔墙及双层实体饰面隔墙可自由转换连接，满足不同部位的装饰效果要求。

3.3 配套功能：可选配柜体、书架、衣帽钩等产品悬挂在龙骨系统上，灵活拆装，方便使用。可以配套使用与隔墙厚度相同的金属及木质门套，以及与之连接的五金产品。

3.4 拆装便捷和重复使用功能：当对室内办公格局进行调整时，隔墙可以任意拆装，方便移位。

4 尺寸规格

4.1 厚度：标准墙体为52、80、100和120。

4.2 高度：标准墙体厚度为100时，隔墙极限高度可达到8000mm。

4.3 基本尺寸：当成品隔墙纵向分割时，单块宽度尺寸≤1400，横向分割使用，单块宽度尺寸≤3600。

5 安全性能

墙体的抗撞击能力，在50kg软体重物，撞击能量为900N/m的撞击下未出现破坏；龙骨的静载荷、抗冲击试验的变形量应符合国家相关规范要求。

6 注意事项

6.1 进行成品隔墙设计时，要综合考虑材料的运输、搬运情况，以免出现材料无法搬运到位现象。如玻璃的尺寸超出电梯可运输的范围等。

6.2 成品隔墙与传统实体墙或轻钢龙骨石膏板墙交接时，需采用压接或留工艺缝的处理方式，以避免不同材质因膨胀率不一致所产生的裂隙。

6.3 成品隔墙玻璃的种类选择，应满足《建筑玻璃应用技术规程》JGJ 113-2015的相关要求。

成品隔墙说明						图集号	16J502-4
审核 饶良修	饶良修	校对 郭晓明	郭晓明	设计 邸士武	邸士武	页	L01

超高全钢组合隔墙系统

双层玻璃和双饰面板竖向组合全钢隔墙系统

双层玻璃全钢隔墙系统

单层玻璃全钢隔墙系统

单侧挂墙板全钢隔墙系统

柜体隔墙系统

成品隔墙案例						图集号	16J502-4
审核	饶良修	校对	郭晓明	设计	邸士武	页	L02

成品隔墙选用表

隔墙编号	隔墙类别	标准高度（mm）	标准尺寸（mm）	墙厚（mm）	计权隔声量RW(dB)	单位重量（kg/m²）	填充物及密度（kg/m³）	耐火极限（h）	饰面燃烧性能
G1	双玻隔墙 100	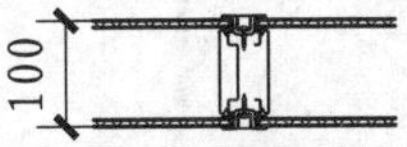 层高：4500 净高：3000	1200	100	45	47	–	0.75～1.0	A
G2	双玻隔墙（加强） 100	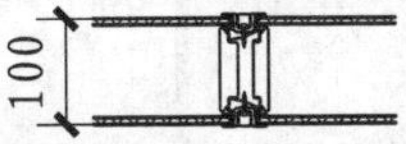 层高：6000 净高：3000	1200	100	45	48	–	0.75～1.0	A
G3	单玻隔墙（防火） 80	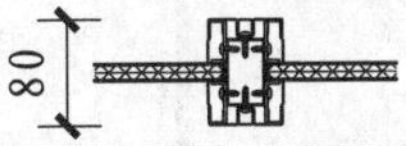 层高：6000 净高：3000	1200	80	37	45	–	0.75～1.0	A
G4	单玻隔墙（非防火） 52	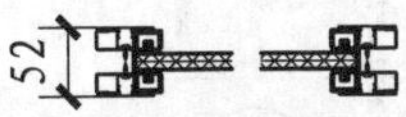 净高：3000	1200	52	37	35	–	–	–
G5	实木饰面隔墙 100	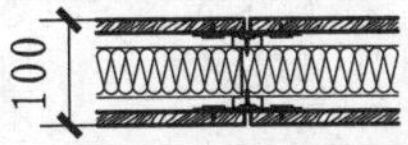 层高：4500 净高：3000	1200	100	45	28	80	–	–
G6	实木饰面隔墙（加强） 100	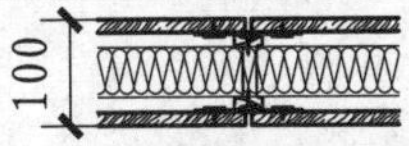 层高：6000 净高：3000	1200	100	45	28	80	–	–
G7	金属饰面隔墙 100	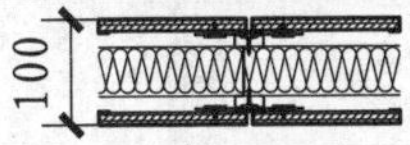 层高：6000 净高：3000	1200	100	45	36	80	1.0～1.5	A
G8	防火实木饰面隔墙 100	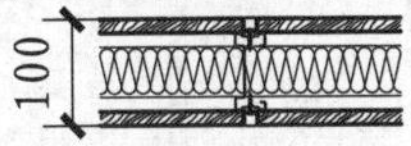 层高：6000 净高：3000	1200	100	45	36	80	1.0～1.5	A2/B
G9	实木饰面单侧挂墙 50+20	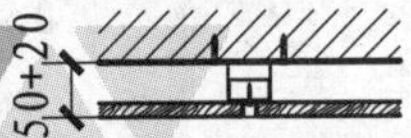 净高：3000	1200	50～70	–	13	–	–	–
G10	防火实木饰面单侧挂墙 50+20	 净高：3000	1200	50～70	–	18	–	–	A2/B
G11	金属饰面单侧挂墙 50+20	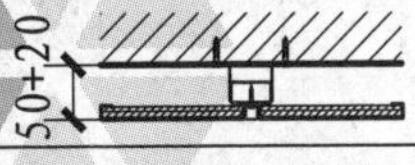 净高：3000	1200	50～70	–	18	–	–	A
G12	烤漆玻璃单侧挂墙 50+20	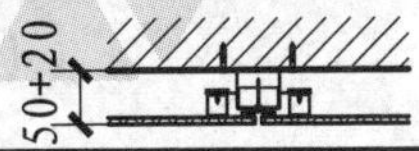 净高：3000	1200	50～70	–	32	–	–	A

成品隔墙选用表	图集号	16J502-4
审核 饶良修 校对 郭晓明 设计 邸士武	页	L03

G 柱式
H 隔扇
J 装饰壁炉
K 室内装修构造 缩缝伸
L 成品隔墙
M 紧固件
N 晾衣架

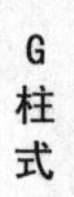

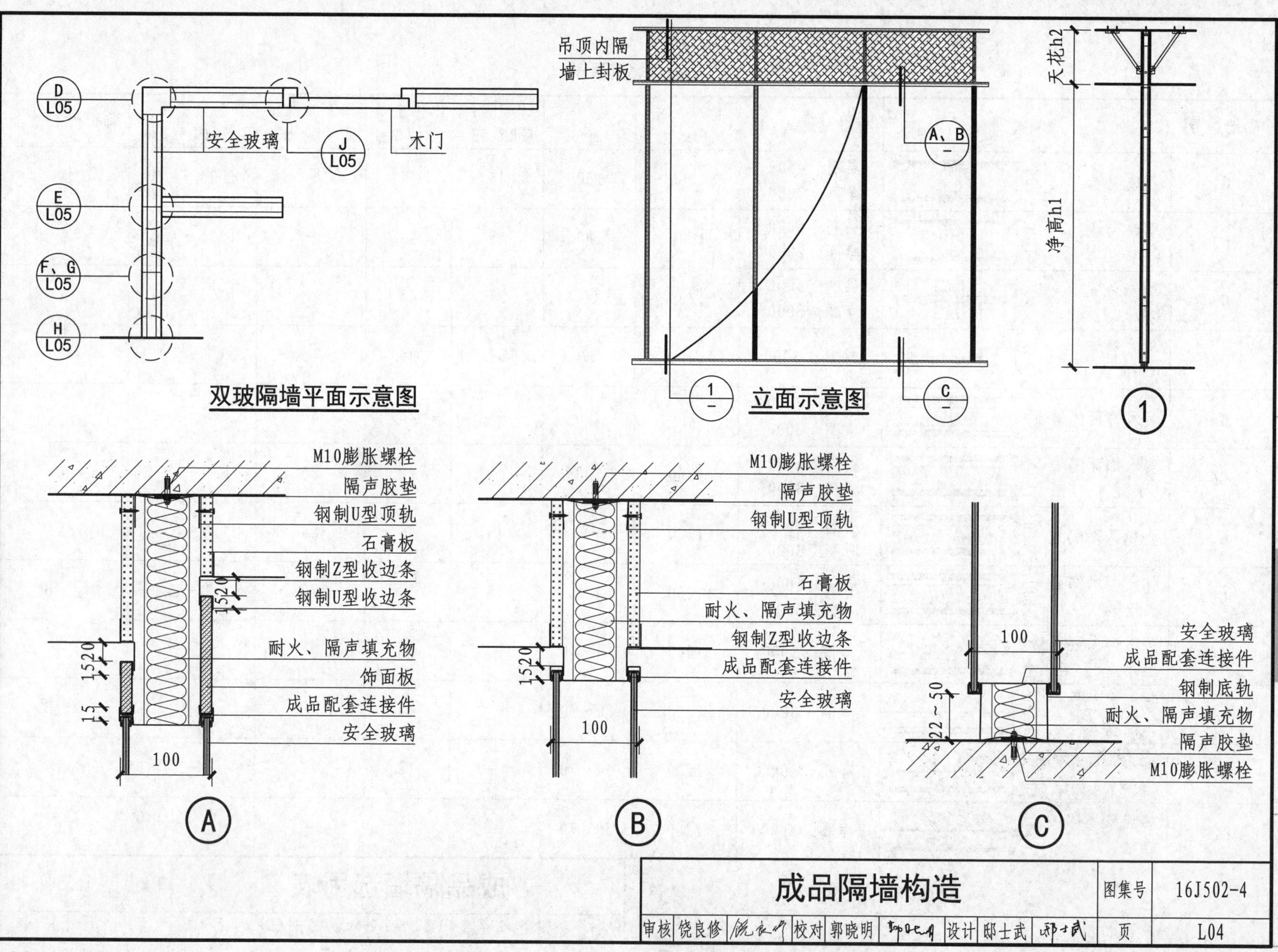

成品隔墙构造

图集号	16J502-4
审核 饶良修 校对 郭晓明 设计 邸士武	页 L04

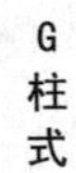

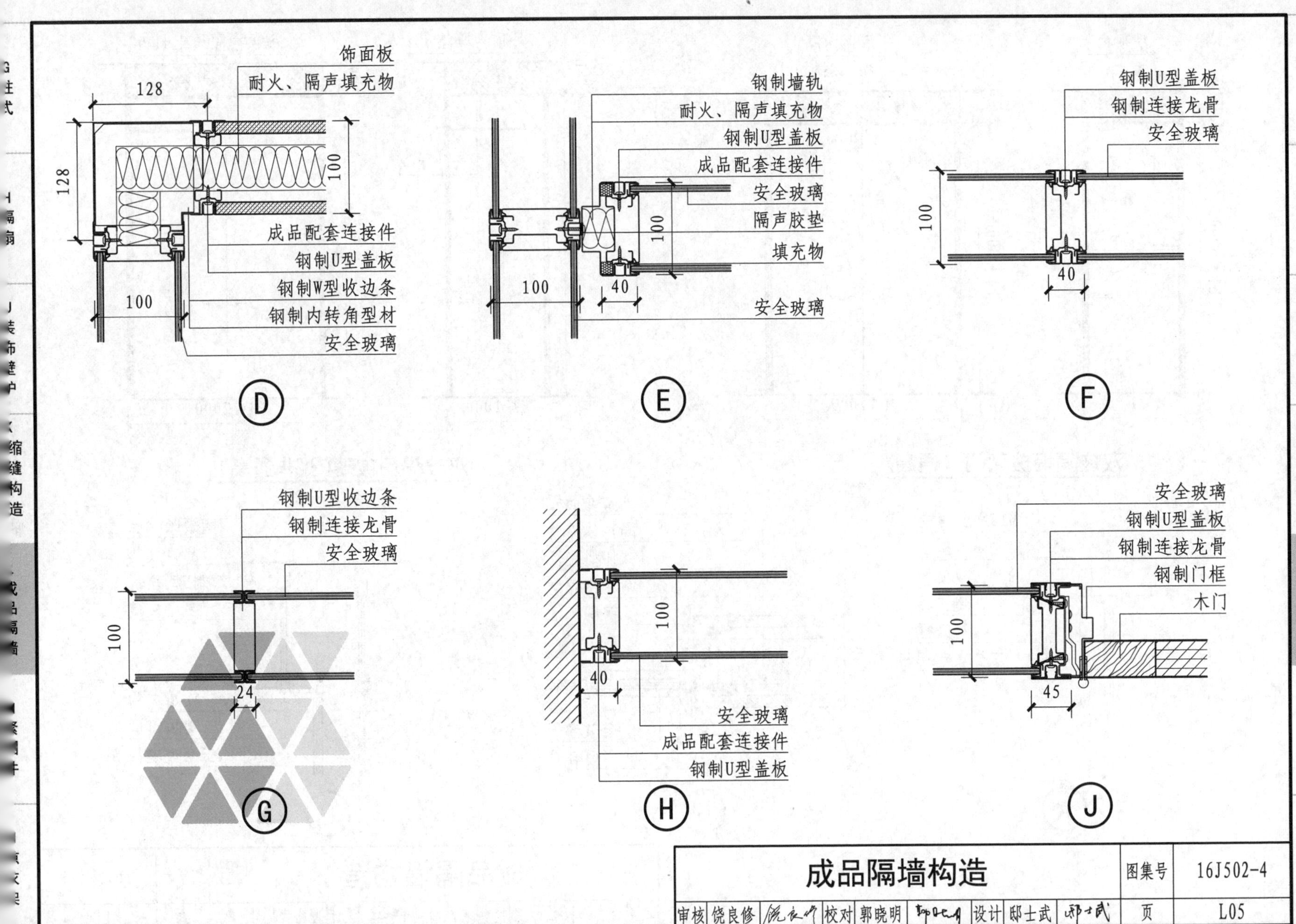

成品隔墙构造							图集号	16J502-4
审核	饶良修	饶良修	校对	郭晓明	郭晓明	设计	邸士武	邸士武	页	L05

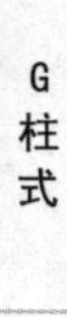

H 隔扇

J 装饰壁炉

K 室内装修 缩缝构造伸

L 成品隔墙

M 紧固件

N 晾衣架

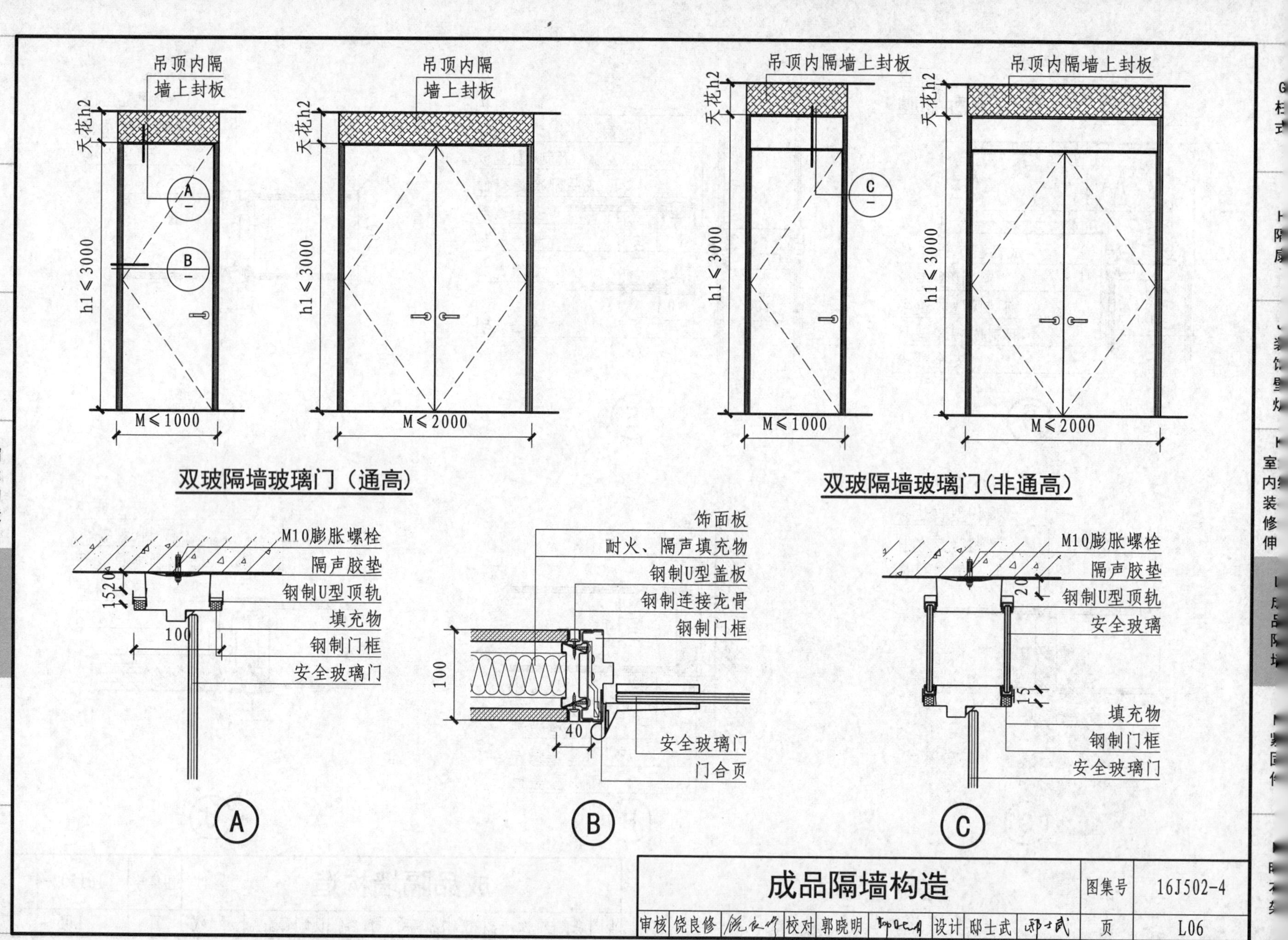

成品隔墙构造						图集号	16J502-4
审核 饶良修	饶良修	校对 郭晓明	郭晓明	设计 邸士武	邸士武	页	L06

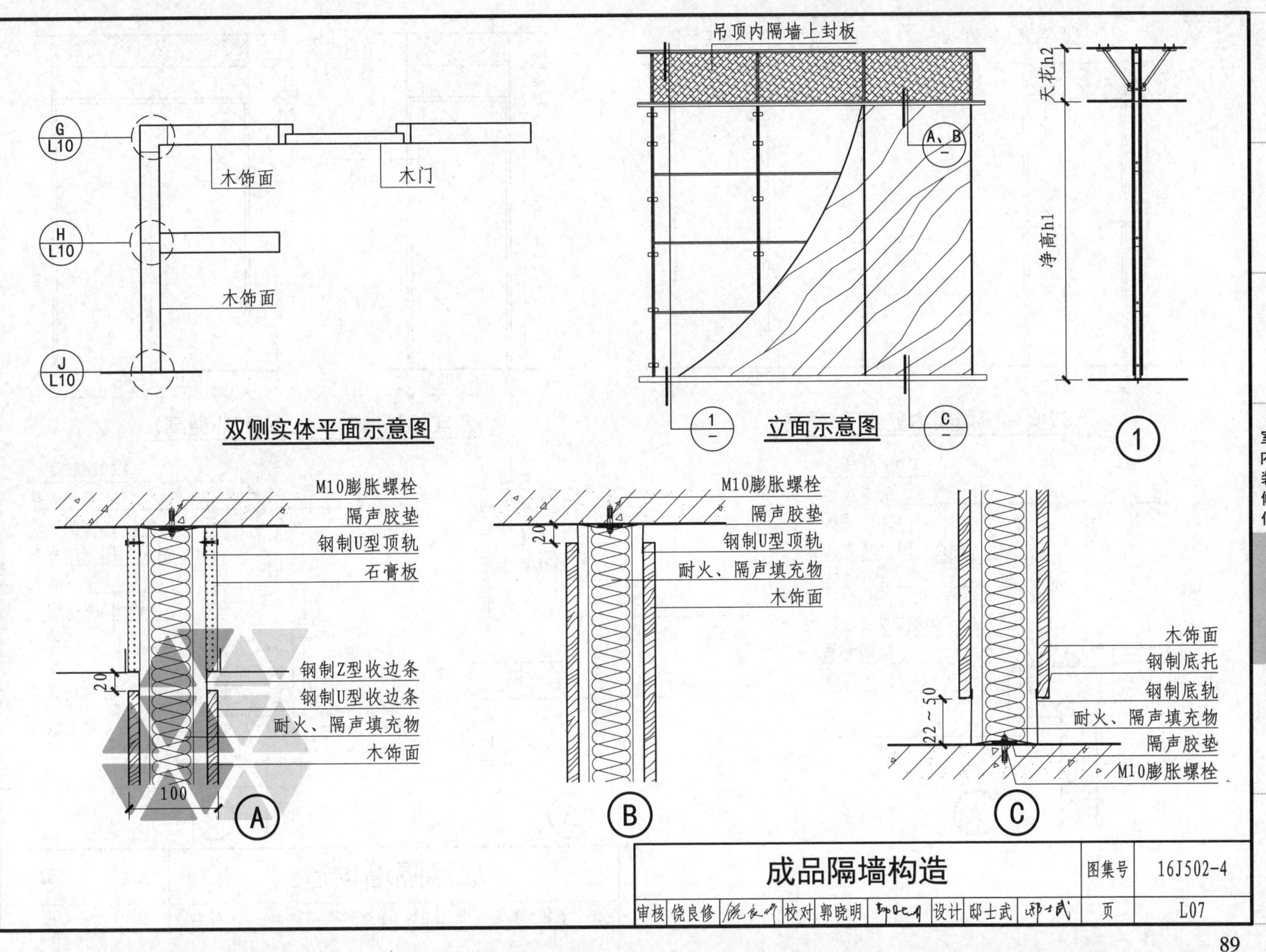

成品隔墙构造

成品隔墙构造							图集号	16J502-4
审核	饶良修	饶良修	校对	郭晓明	郭晓明	设计	邸士武 邸士武	页 L07

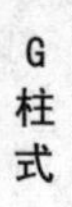

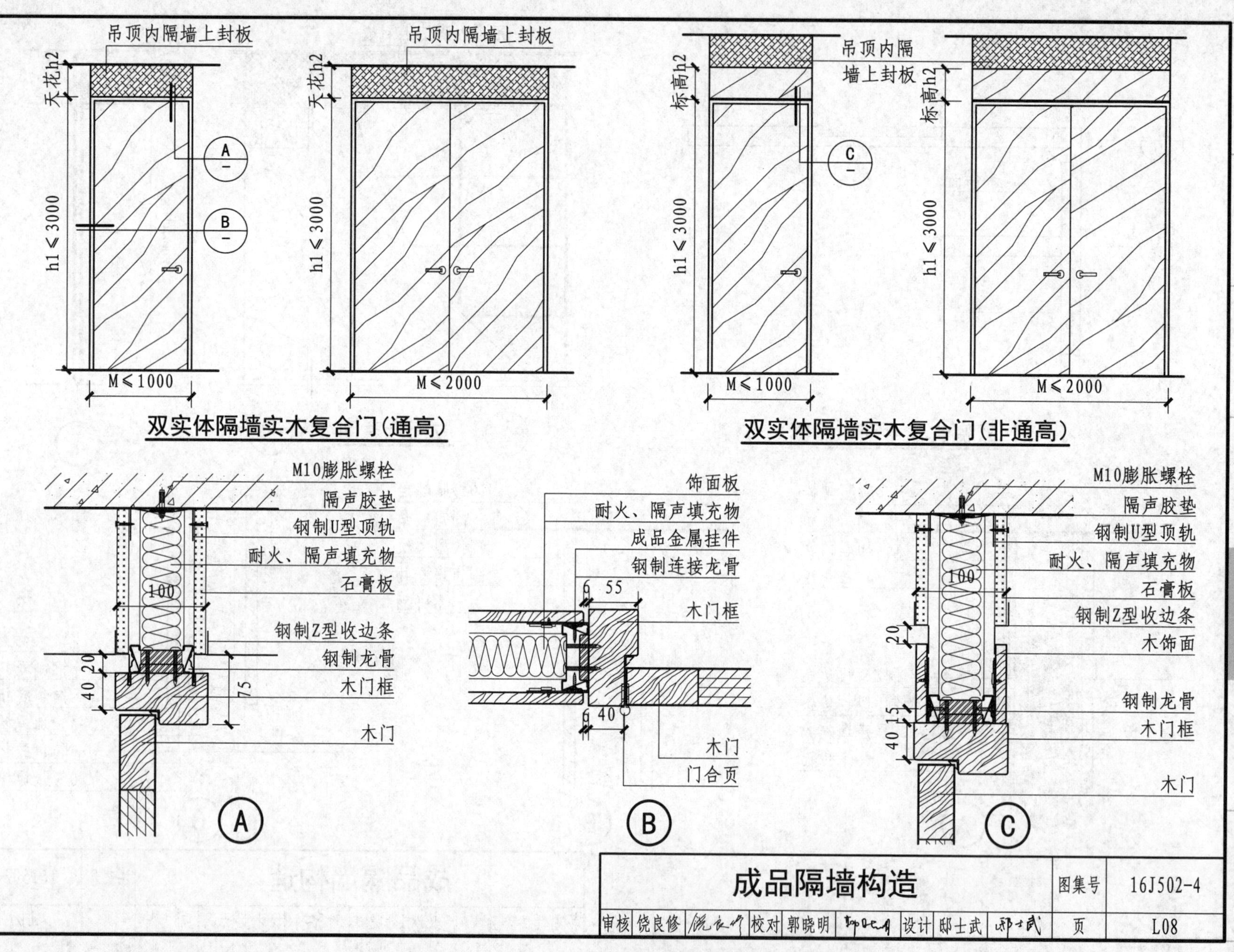

H 隔扇

J 装饰壁炉

K 室内装修缩缝构造伸

L 成品隔墙

M 紧固件

N 晾衣架

成品隔墙构造						图集号	16J502-4
审核	饶良修	校对	郭晓明	设计	邸士武	页	L08

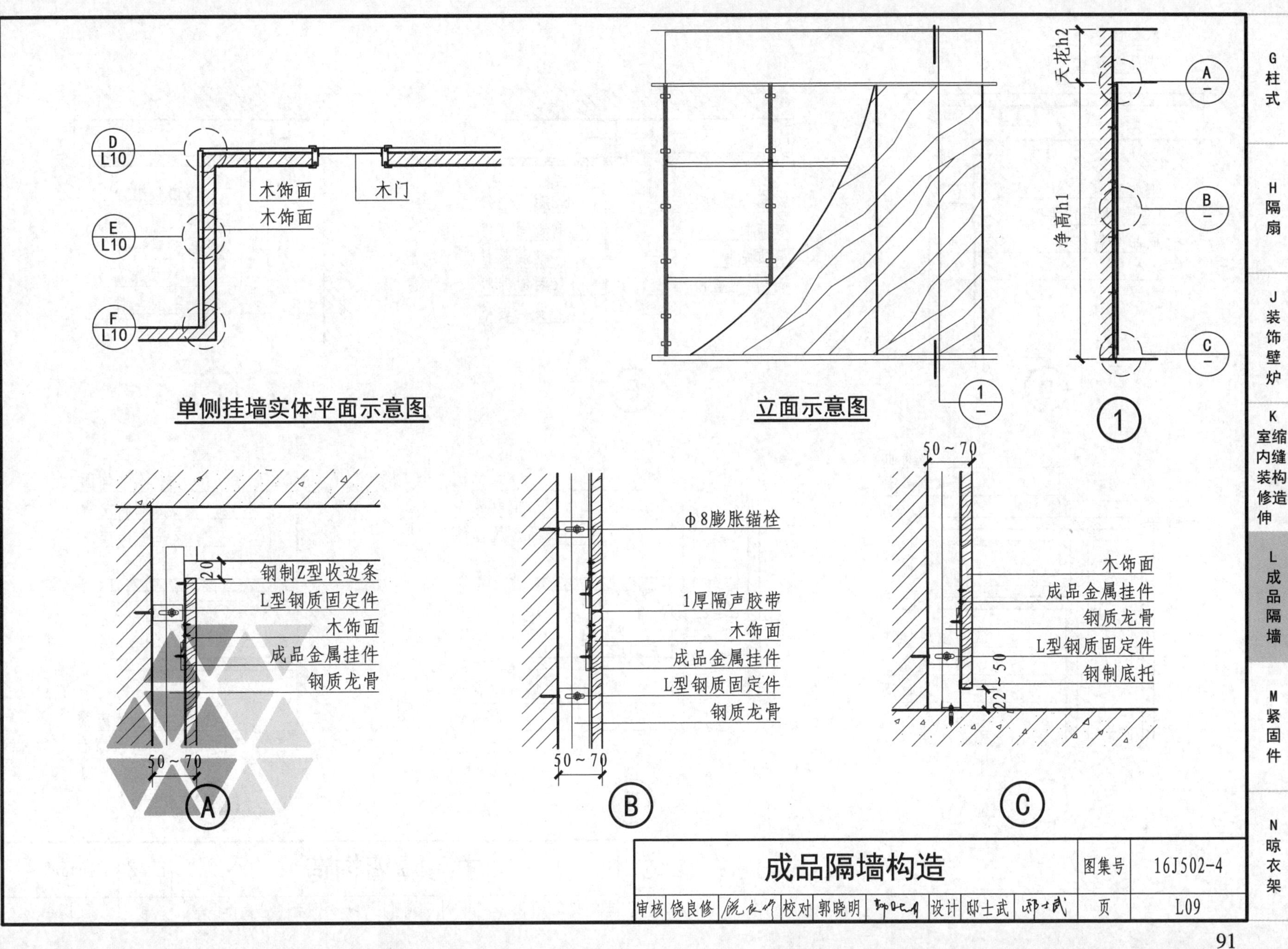

成品隔墙构造

图集号	16J502-4
审核 饶良修 校对 郭晓明 设计 邸士武	页 L09

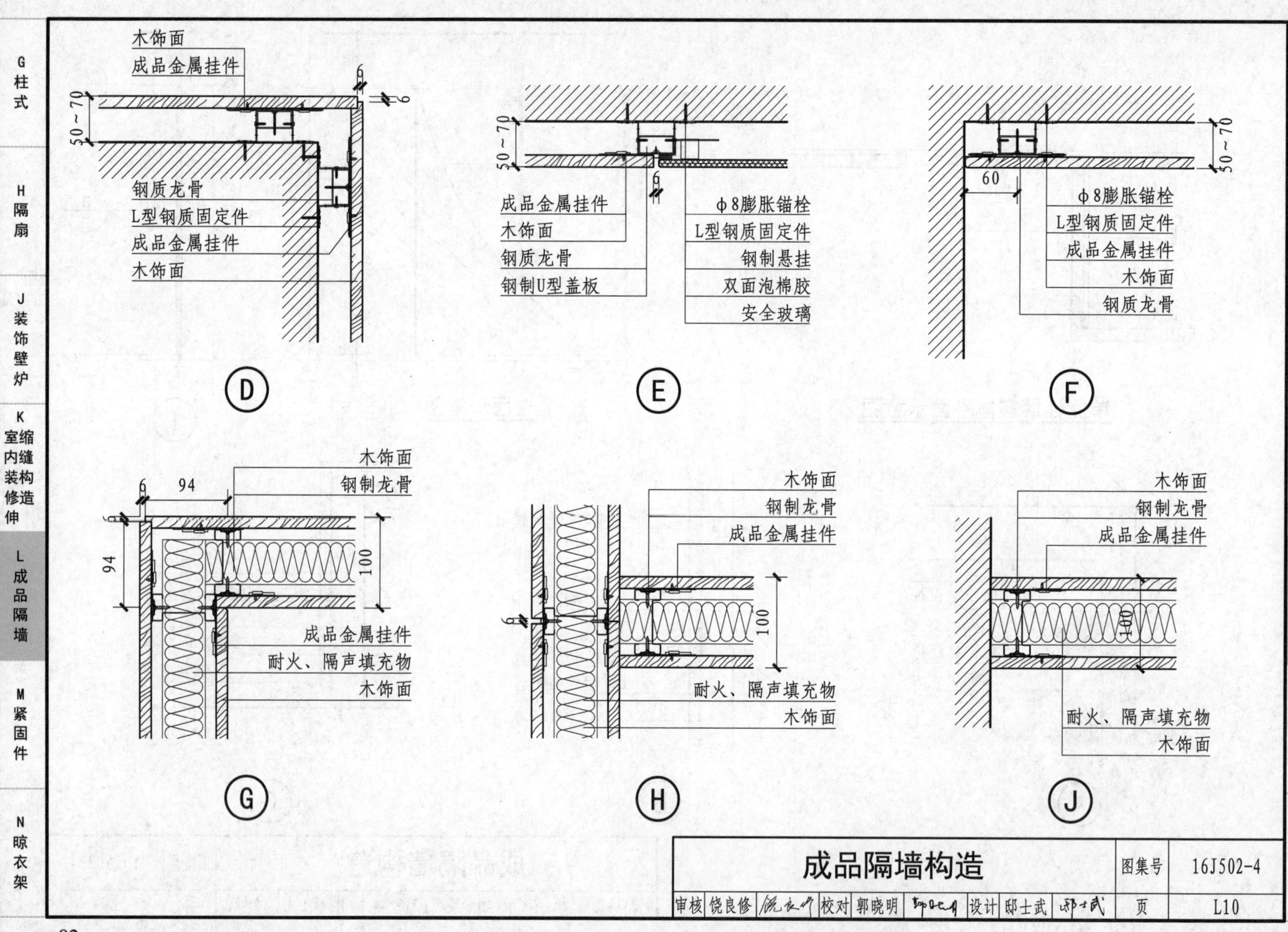

成品隔墙构造						图集号	16J502-4
审核	饶良修	校对	郭晓明	设计	邸士武	页	L10

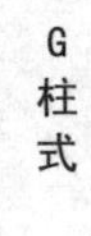

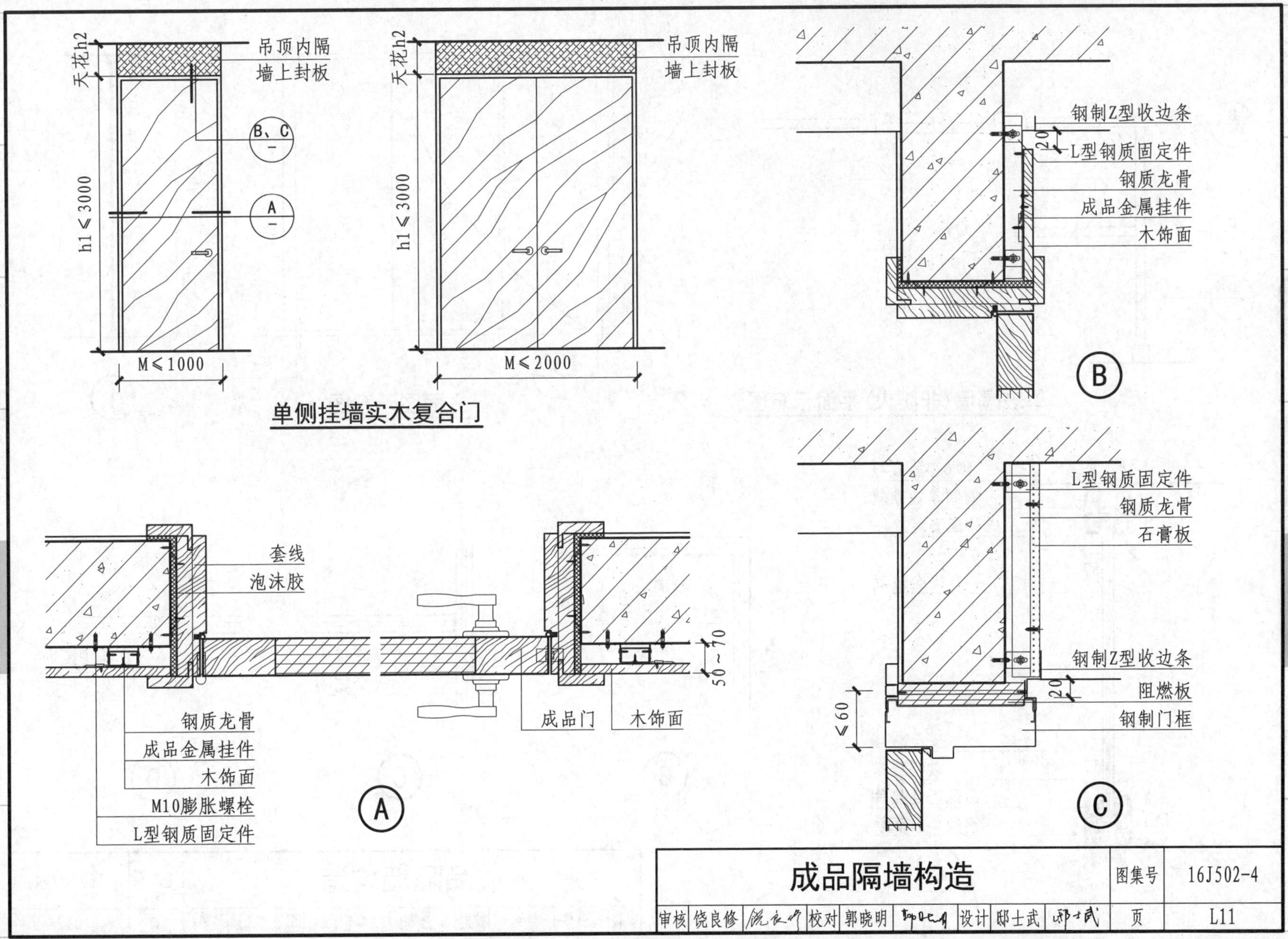

G 柱式
H 隔扇
J 装饰壁炉
K 室内装修缩缝构造伸
L 成品隔墙
M 紧固件
N 晾衣架

成品隔墙构造							图集号	16J502-4
审核	饶良修	饶良修	校对	郭晓明	郭晓明	设计	邸士武 邸士武	页 L11

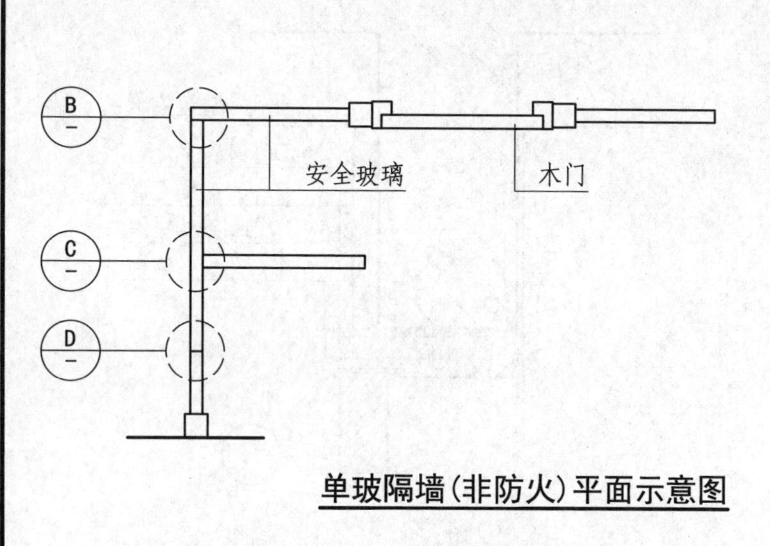

单玻隔墙(非防火)平面示意图

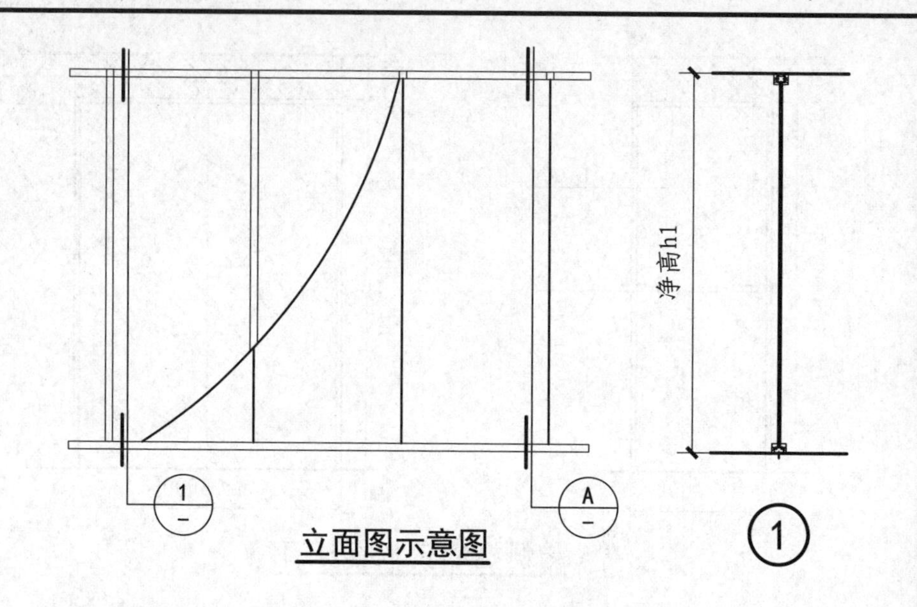

立面图示意图

1

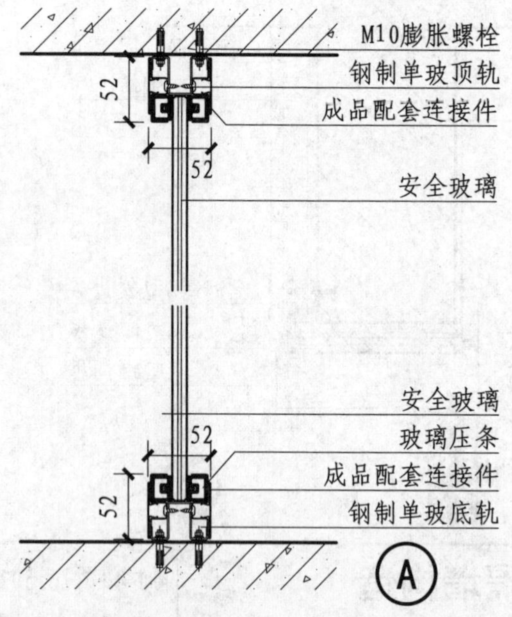

A

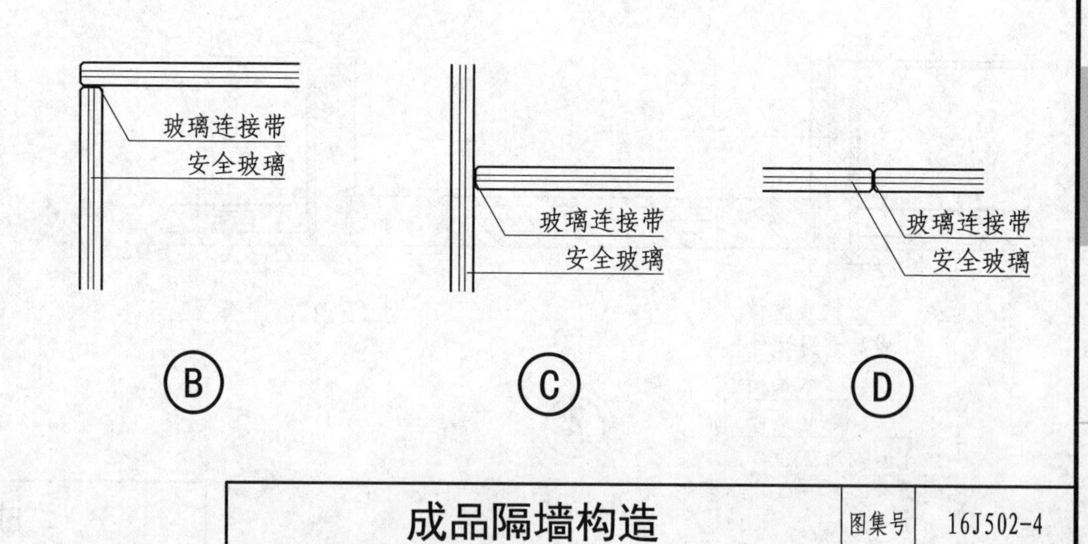

B C D

成品隔墙构造						图集号	16J502-4
审核 饶良修	饶良修	校对 郭晓明	郭晓明	设计 邸士武	邸士武	页	L12

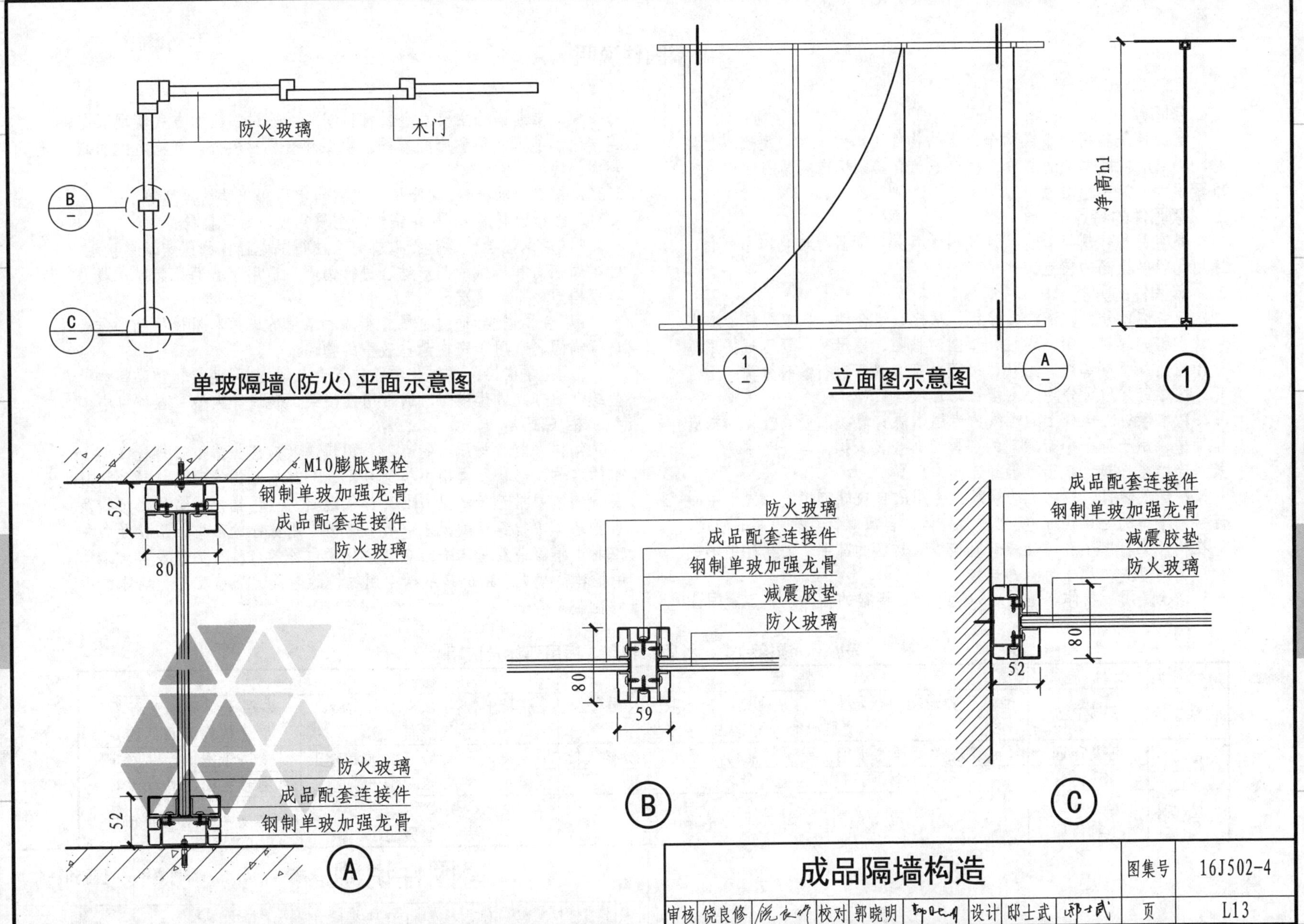

成品隔墙构造						图集号	16J502-4
审核	饶良修	校对	郭晓明	设计	邸士武	页	L13

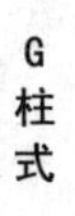

M 紧固件说明

1 紧固件

紧固件是指将两个或两个以上的构件（零件）紧固连接成整体时，所采用机械零件的总称。也有把已有国家标准的紧固件称为标准紧固件，简称标准件。

2 紧固件的特点

具有品种、规格繁多、性能用途各异，而且标准化、系列化、通用化程度极高的特点。

3 紧固件的分类

3.1 按名称可分为：锚栓、螺钉、螺栓、组合件、自攻螺钉、木螺钉、铆钉、焊钉、销、螺柱、垫圈、挡圈、螺母等。还可根据用途、使用材质、强度等级、形状、表面处理方式等进行多种分类。

3.2 按螺钉牙形可分为：木螺钉、自攻螺钉等。

3.2.1 木螺钉：螺杆上的螺纹为专用木螺钉螺纹，可直接旋入木质构件中。用于把一个带通孔的金属（非金属）构件与一个木质构件紧固连接在一起，属于可拆卸连接。

3.2.2 自攻螺钉：螺杆上的螺纹为专用的自攻螺钉螺纹。用于紧固连接两个薄的金属构件，使之成为整体。自攻螺钉具有较高的硬度，先在构件上打出小孔，让螺钉直接旋入构件的孔中，使构件中形成相应的内螺纹，属于可拆卸连接。

3.3 锚栓是用于物体与基层墙体间固定、连接的构件，属于紧固件的一种。早期锚栓主要是金属材料制成，通过膨胀的方式实现固定、连接的功能，故俗称膨胀螺栓。现在除金属材料外，还有尼龙材料制成的锚栓。

3.3.1 按锚栓功能分：膨胀型、机械锁定型和化学粘接型等。

3.3.2 按锚栓材质分：尼龙锚栓、金属锚栓、化学锚栓。

1）尼龙锚栓：通过拧入螺钉，使得尼龙锚栓膨胀与墙壁接触，产生摩擦力和机械的凸形结合进行锚固，适用于普通家装或承载力要求相对较小的情况。

2）金属锚栓：通过金属膨胀片和墙壁的摩擦和机械的凸形结合进行锚固，适用于室内悬挂较重的物品。

3）化学锚栓：通过化学胶体配合金属螺杆，使得化学粘接和凸型结合的方式进行锚固，通常用在桥梁、轨道等大型工程项目中。

4 相关表格

锚栓种类、材质、特点、适用墙体及应用见表M-1；螺栓（钉）、钉的名称、形状及常用规格型号见表M-2；尼龙锚栓的名称、形状及各种墙体中推荐荷载见表M-3；加气混凝土专用锚栓的名称、形状及各种墙体中推荐荷载见表M-4；石膏板专用锚栓的名称、形状及各种基材中推荐荷载见表M-5；金属、化学锚栓的名称、形状及各种墙体中推荐荷载见表M-6；多孔砖专用锚栓的名称、形状及各种墙体中推荐荷载见表M-7。

表M-1 锚栓种类、材质、特点、适用墙体及应用

锚栓种类	材质	特点	适用墙体	应用
尼龙锚栓	尼龙PA6	相较于普通塑料，尼龙材料韧性更高、承载力及耐腐蚀力更强，但价格较高	混凝土、实心砖、多孔砖、加气混凝土	多用于厨房、卫浴等，重量较轻产品的固定
金属锚栓	电镀锌钢	经电镀表面处理的碳钢，防腐性能好、应用广，价格较低	混凝土、实心砖、加气混凝土	多用于室内产品固定
	不锈钢	不锈钢材质，防腐性能优异，但价格较高	混凝土、实心砖、加气混凝土	可用于室内、外潮湿环境
化学锚栓	乙烯基、环氧树脂	应用范围广泛，承载力最高	混凝土、实心砖、多孔砖、加气混凝土	多用于大型工程项目

紧固件说明		图集号	16J502-4
审核 饶良修 校对 郭晓明 设计 邸士武		页	M01

表M-2 螺栓（钉）、钉的名称、形状及常用规格型号

名称	形状	常用规格型号	名称	形状	常用规格型号
盘头机制螺钉全螺纹	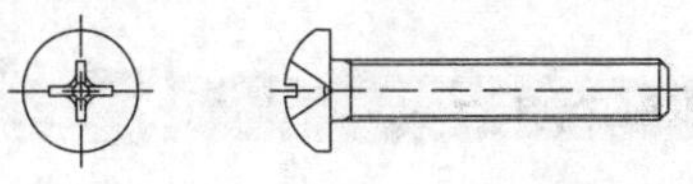	M4、M5、M6、M8	盘头自攻自钻螺钉	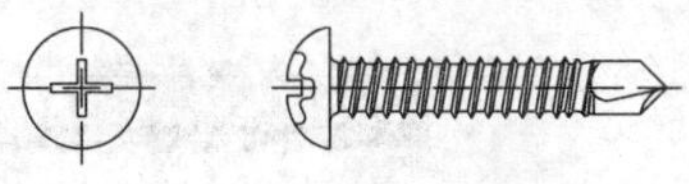	ST4.2、ST4.8、ST5.5、ST6.3
盘头机制螺钉非全螺纹	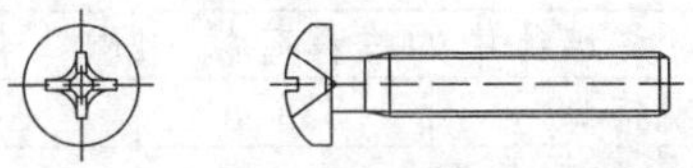	M4、M5、M6、M8	沉头自攻自钻螺钉	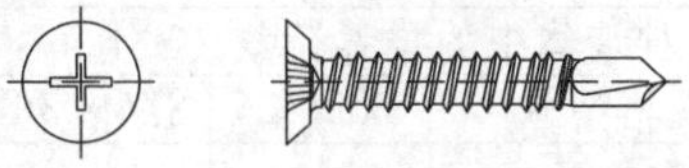	ST4.2、ST4.8、ST5.5、ST6.3
沉头机制螺钉全螺纹	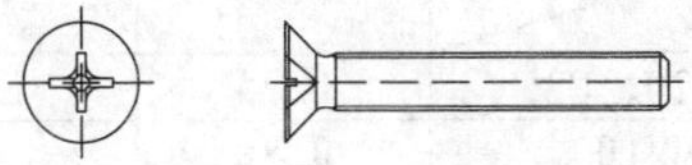	M4、M5、M6、M8、M10	自攻自钻螺钉	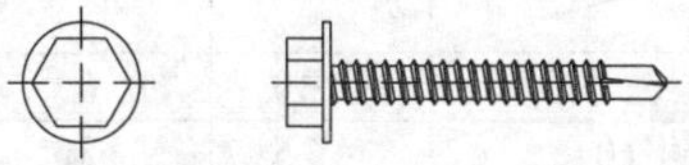	ST4.2、ST4.8、ST5.5、ST6.3
沉头机制螺钉非全螺纹	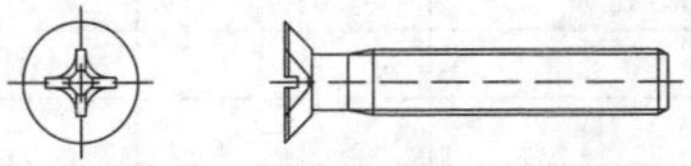	M4、M5、M6、M8、M10	不锈钢连接螺栓	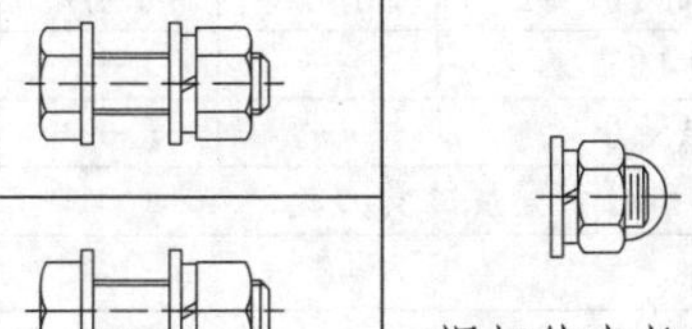 螺杆伸出长度<2	M5、M6、M8、M10、M12、M16、M20、M24
半沉头机制螺钉全螺纹	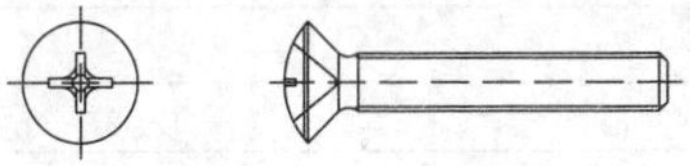	M4、M5、M6、M8、M10			
半沉头机制螺钉非全螺纹	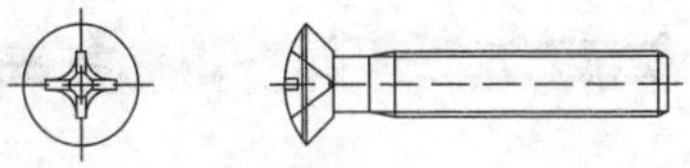	M4、M5、M6、M8、M10	抽芯铆钉	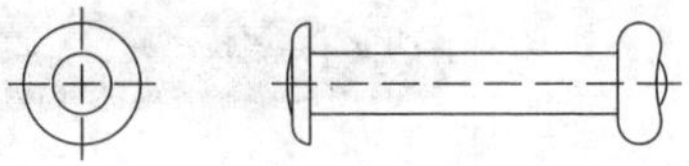	K4、K5
内六角平端紧定螺钉全螺纹	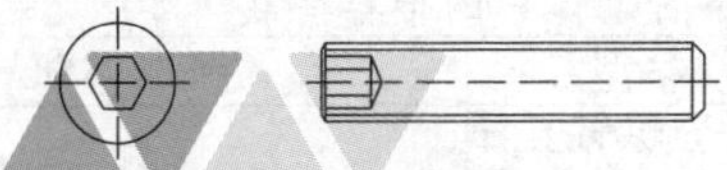	M6、M8、M10、M12	射钉	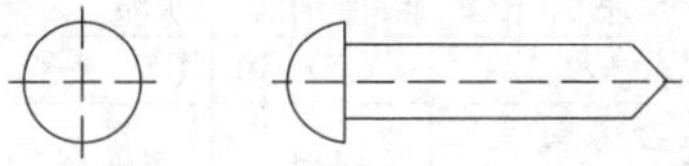	3.2～7.0
盘头自攻螺钉	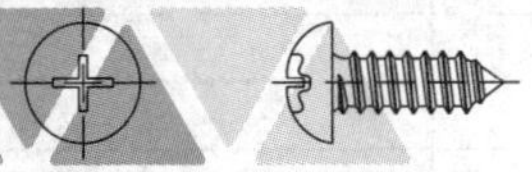	ST4.2、ST4.8、ST5.5、ST6.3		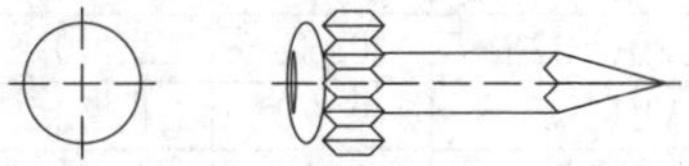	
沉头自攻螺钉	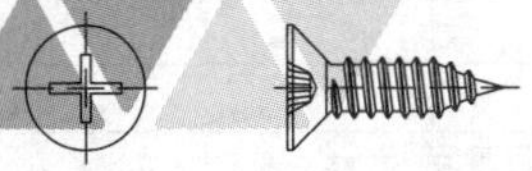	ST3.5、ST4.2、ST4.8、ST5.5、ST6.3	木螺钉	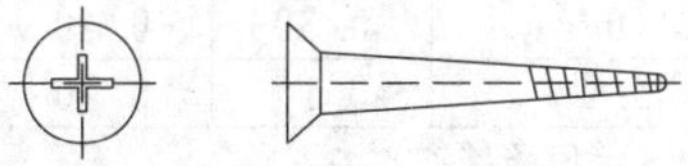	6～30

注：机制螺栓：常用规格+名称（例：M8沉头机制螺钉）。

紧固件选用表						图集号	16J502-4
审核	饶良修	校对	郭晓明	设计	邸士武	页	M02

G 柱式
H 隔扇
J 装饰壁炉
K 室内装修伸缩缝构造
L 成品隔墙
M 紧固件
N 晾衣架

表M-3 尼龙锚栓的名称、形状及各种墙体中推荐荷载

名称	形状
超级尼龙膨胀锚栓SX	

各种墙体中的推荐荷载（kN）

墙体类型	常用规格型号	SX5×25	SX6×30	SX8×40	SX10×50
	配套螺钉直径 / 强度等级	φ4	φ5	φ6	φ8
混凝土	≥C20、C25	0.30	0.65	0.70	1.20
实心砖	≥MU10	0.25	0.30	0.60	0.65
多孔砖	≥MU10	0.07	0.07	0.17	0.17
空心砌块	≥10	—	—	—	—
加气混凝土	≥A5.0	—	—	—	—

注：该数据适用于拉力、剪力和任何角度的受力。

名称	形状
通用框架尼龙膨胀锚栓SXR	

各种墙体中的推荐荷载（kN）

墙体类型	常用规格型号	SXR 6	SXR 8	SXR 10
	配套螺钉直径 / 强度等级	φ4.5	φ5	φ7
混凝土	≥C20、C25	0.25	1.0	1.80
实心砖	≥MU10	0.20	1.71	0.71
多孔砖	≥MU10	0.10	0.57	0.57
空心砌块	≥10	—	0.71	0.71
加气混凝土	≥A2.0	—	—	0.14

注：该数据适用于拉力、剪力和任何角度的受力。

名称	形状
万能尼龙膨胀锚栓UX	

各种墙体中的推荐荷载（kN）

墙体类型	常用规格型号	UX5×30	UX6×35	UX8×50	UX10×60
	配套螺钉直径 / 强度等级	φ4	φ5	φ6	φ8
混凝土	≥C20、C25	0.30	0.40	0.60	1.00
实心砖	≥MU10	0.20	0.20	0.30	0.50
多孔砖	≥MU10	0.20	0.20	0.20	0.20
空心砌块	≥10	0.30	0.40	0.50	0.60
加气混凝土	≥A5.0	0.15	0.20	0.30	0.40

注：该数据适用于拉力、剪力和任何角度的受力。

名称	形状
超级框架尼龙膨胀锚栓SXS	

各种墙体中的推荐荷载（kN）

墙体类型	常用规格型号	SXR 10
	配套螺钉直径 / 强度等级	φ7
混凝土	≥C20、C25	1.30
实心砖	≥MU10	0.71
多孔砖	≥MU10	—
空心砌块	≥10	—
加气混凝土	≥A2.0	0.32

注：该数据适用于拉力、剪力和任何角度的受力。

紧固件选用表							图集号	16J502-4
审核	饶良修	[签名]	校对	郭晓明	[签名]	设计	邸士武	[签名]	页	M03

表M-4 加气混凝土专用锚栓的名称、形状及各种墙体中推荐荷载

名称	形状
加气混凝土膨胀锚栓GB	

安装数据

型号	钻孔直径 d0	钻孔深度 h1	锚栓长度 l=hef	配套螺钉 ds
GB 8	φ8	60	50	5
GB 10	φ10	65	55	7
GB 14	φ14	90	75	10

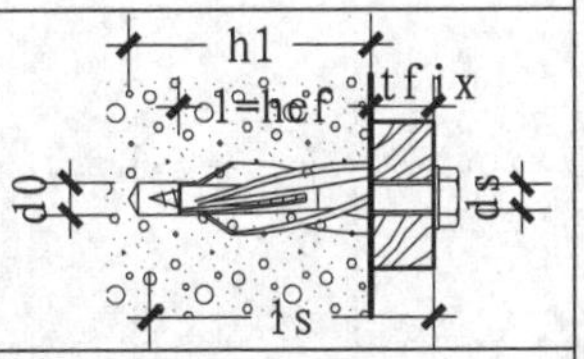

h1　l=hef　tfix　d0　ds　ls

注：螺钉长度ls=锚栓长度l+被锚固物厚度tfix+1个螺钉直径。

各种墙体中的推荐荷载（kN）

墙体类型	常用规格型号 / 配套螺钉直径 / 强度等级	GB 8	GB 10	GB 14
	配套螺钉直径	φ5	φ7	φ10
加气混凝土	≥A2.0	0.20	0.25	0.40
加气混凝土	≥A3.5	0.30	0.50	0.80
加气混凝土	≥A5.0	0.40	0.60	0.90

注：安装GB锚栓的基层墙体表面不能有抹灰层。

安装说明

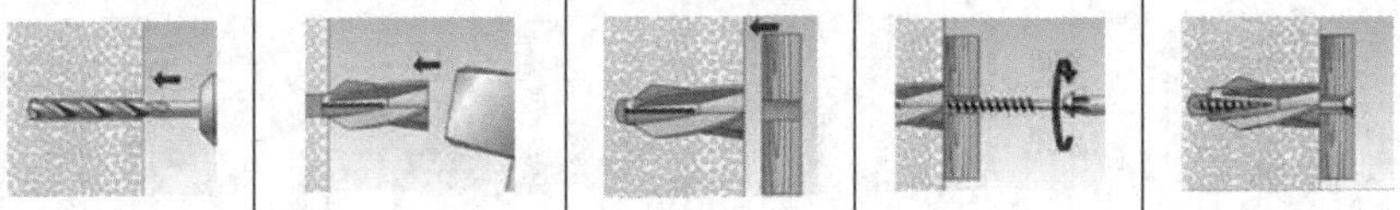

1.钻孔	2.将锚栓敲击进加气混凝土中	3.放上被锚固物	4.拧紧螺丝	5.安装到位

名称	形状
加气混凝土金属锚栓FPX-I	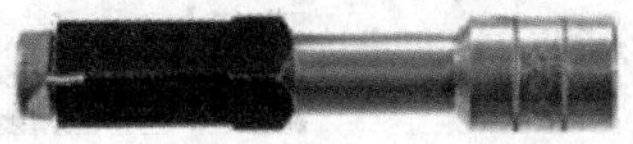

安装数据

型号	钻孔直径 d0	钻孔深度 h1	锚栓长度 l=hef	配套螺钉 ds
FPX M6-I	φ10	95	75	70
FPX M8-I	φ10	95	75	70
FPX M10-I	φ10	95	75	70
FPX M10-I	φ10	95	75	70

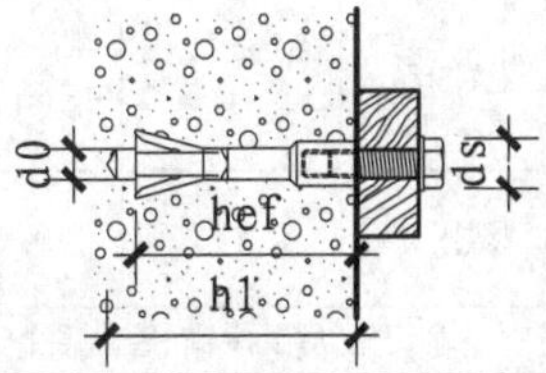

d0　ds　hef　h1

各种墙体中的推荐荷载（kN）

墙体类型	常用规格型号	M6	M8	M10	M12
加气混凝土	≥A2.0	0.30			
加气混凝土	≥A2.5	0.40			
加气混凝土	≥A3.5	0.60			
加气混凝土	≥A5.0	0.80			
加气混凝土	≥A7.5	1.20			

安装说明

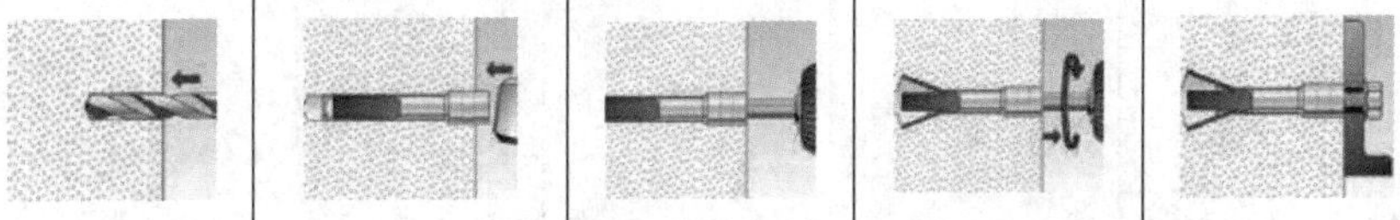

1.钻孔	2.将锚栓敲击进加气混凝土中	3.将安装工具装入手枪钻	4.使锚栓旋转切削加气混凝土	5.拧上螺栓安装到位

紧固件选用表							图集号	16J502-4
审核	饶良修		校对	郭晓明		设计	邸士武	页 M04

表M-5 石膏板专用锚栓的名称、形状及各种基材中推荐荷载

名称	形状
石膏板专用锚栓GK	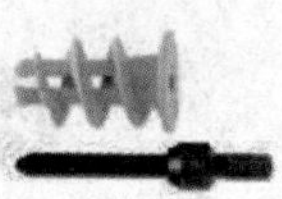

安装数据

型号	锚栓长度 l	基墙表面到板面的最小尺寸t	配套螺钉尺寸 ds×ls
GK	22	25	4.0～5.0×ls

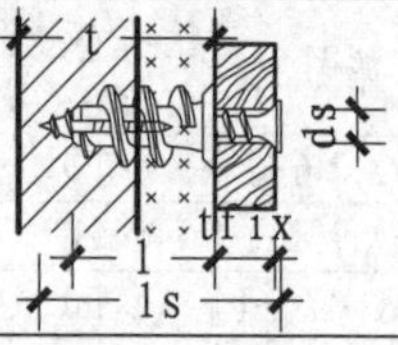

注：螺钉长度ls=锚栓长度l+被锚固物厚度tfix+1个螺钉直径。

基材中的推荐荷载（kN）

板材类型	常用规格型号 / 配套螺钉直径 / 板厚	GK φ4.0～5.0
石膏板	≥9.5mm	0.07
石膏板	≥12.5mm	0.08
石膏板	≥2×12.5mm	0.11

注：该数据适用于拉力、剪力和任何角度的受力。

安装说明

 1.先将安装工具插入手枪钻，再将锚栓插入安装工具中	 2.将锚栓钻入石膏板中	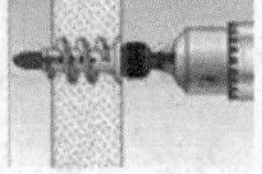 3.锚栓和板面齐平时，安装到位	 4.将螺丝拧入锚栓内固定	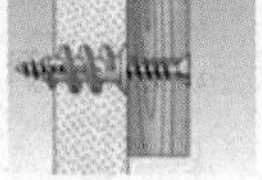 5.拧紧螺丝，安装完成

名称	形状
空腔翻转锚栓KD	

安装数据

型号	钻孔直径 d0	最大板厚 dp	最小空腔厚度a	螺栓尺寸 φ×长度
KD 5	φ16	63	70	M5×100
KD 6	φ16	63	70	M6×100
KD 8	φ20	55	70	M8×100

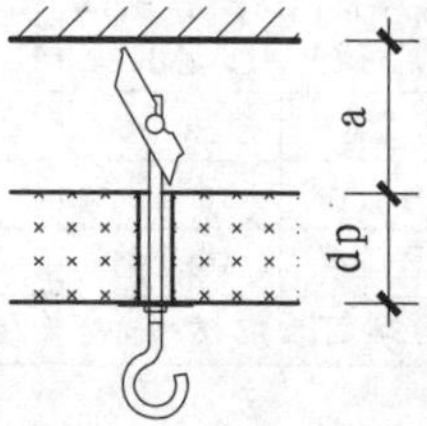

基材中的推荐荷载（kN）

板材类型	常用规格型号	KD 5	KD 6	KD 8
石膏板	≥12.5mm	0.15	0.15	0.18
刨花板	≥15mm	0.85	0.85	0.89

安装说明

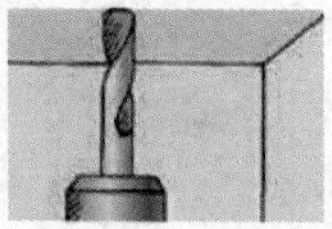 1.钻孔	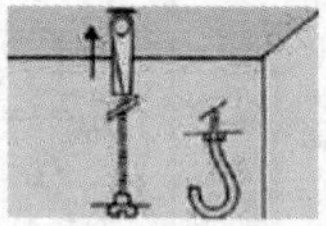 2.翻转金属片后塞入孔洞中	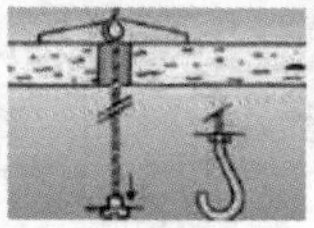 3.锁紧螺母	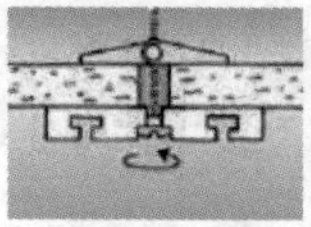 4.安装完成

紧固件选用表

图集号	16J502-4
审核 饶良修 校对 郭晓明 设计 邸士武 页	M05

表M-6 金属、化学锚栓的名称、形状及各种墙体中推荐荷载

名称	形状
标准金属螺杆锚栓FBN II	 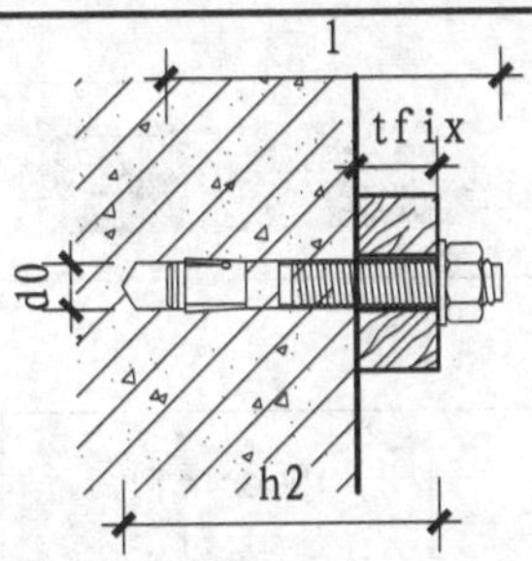

安装数据

型号	钻孔直径d0	穿透式安装最小钻孔深度h2	锚栓长度l	标准埋深/浅埋深时的最大可用长度tfix	螺栓尺寸φ×长度	扳手开口尺寸SW
FBN II 8/20	8	76	81	20/30	M8×49	13
FBN II 10/20	10	88	96	20/30	M10×56	17

各种墙体中的推荐荷载（kN）

墙体类型	常用规格型号	FBN II 8/20	FBN II 8/20	FBN II 10/20	FBN II 10/20
	锚固深度hef	30	40	40	50
	安装扭矩Tinst	15	15	30	30
混凝土	≥C20、C25	2.9	6.1	6.1	8.5

安装说明

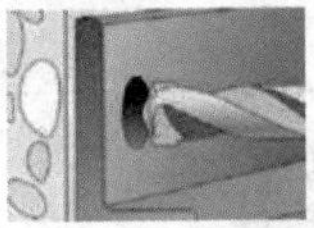 1.钻孔	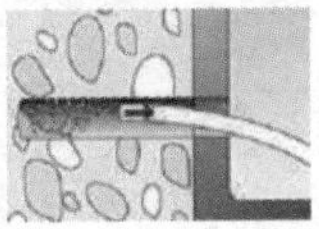 2.使用气筒清孔	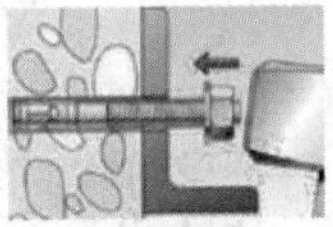 3.将锚栓装入	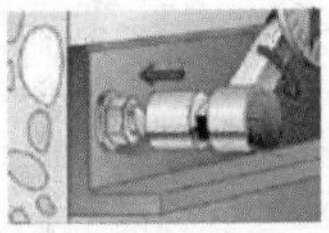 4.使用安装扭矩拧紧螺母，安装到位

名称	形状
化学锚栓RM+化学螺杆RGM	

安装数据

型号	钻孔直径d0	有效锚固深度hef	最大锚固厚度tfix
RM 8+RGM 8×110	φ8	80	14
RM 10+RGM 10×130	φ10	90	20
RM 12+RGM 12×160	φ12	110	26

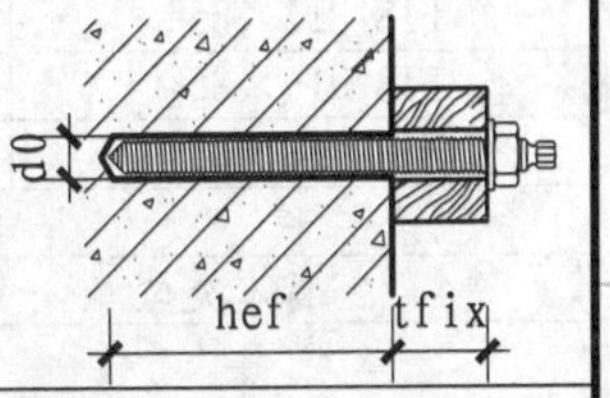

各种墙体中的推荐荷载（kN）

墙体类型	常用规格型号	RGM 8×110	RGM 10×130	RGM 12×160
	安装扭矩Tinst	10	20	40
混凝土	≥C20、C25	4.2	7.6	11

安装说明

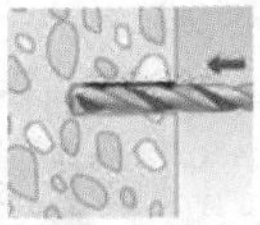 1.钻孔	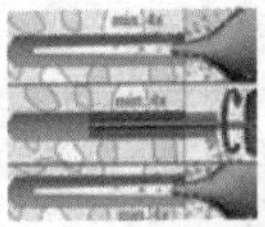 2.使用气筒和钢刷彻底清孔	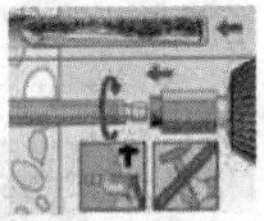 3.塞入RM化学管，再将螺杆搅碎化学管，同时旋入孔洞中	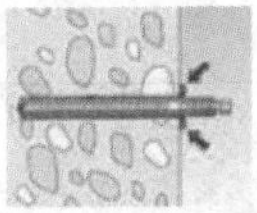 4.胶体溢出孔洞时停止旋转，等待胶体固化，固化过程中禁止触碰螺杆	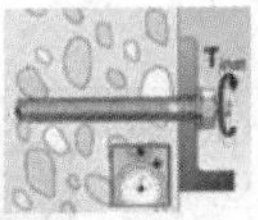 5.装上被锚固物，使用安装扭矩拧紧螺母，安装到位

紧固件选用表

图集号	16J502-4
页	M06

审核 饶良修 校对 郭晓明 设计 邸士武

表M-7 多孔砖专用锚栓的名称、形状及各种墙体中推荐荷载

名称	形状
尼龙套筒FIS HK	

安装数据

型号	钻孔直径 d0	钻孔深度 h1	有效锚固深度hef	配套螺杆尺寸
FIS H12×85K	12	90	85	M6～M8
FIS H16×85K	16	90	85	M8～M10
FIS H20×85K	20	90	85	M12～M16

各种墙体中的推荐荷载（kN）

墙体类型	常用规格型号 / 配套螺钉直径 / 基材抗压强度	FIS H12×85K M6～M8	FIS H16×85K M8～M10	FIS H20×85K M12～M16
多孔砖	≥10	0.40		
多孔灰砂砖	≥10	0.60		
轻集料混凝土空心砌块	≥5	0.60		

注：该数据适用于拉力、剪力和任何角度的受力。

安装说明

1.钻孔	2.将套筒塞入孔洞中	3.在套筒内注入锚固胶	4.将螺栓旋入套筒中	5.待锚固胶固化后，按照安装扭矩拧紧螺母，安装到位

N 晾衣架说明

1 晾衣架

晾衣架又叫晒衣架，是一个功能性的产品。随着成品化进程的发展，越来越多的应用到成品化项目中。

2 晾衣架分类

2.1 按种类可分为：落地式、推拉式、升降式等。

2.1.1 落地式又分蝶形、单杠伸缩式和双杠伸缩式等。

2.1.2 推拉式多为固定。

2.1.3 升降式晾衣架又分手摇式、电动式。

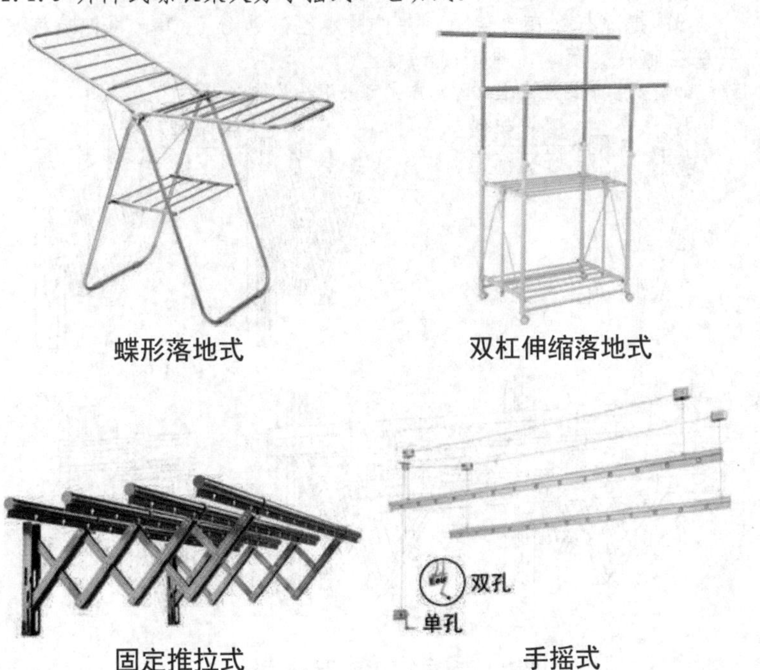

蝶形落地式　双杠伸缩落地式　固定推拉式　手摇式

嵌入式电动遥控式

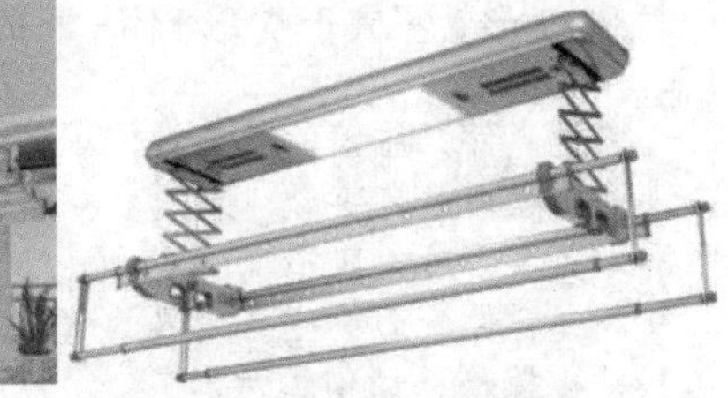

外露式电动遥控式

3 晾衣架性能要求

3.1 安全性能

3.1.1 落地式晾衣架前后左右倾斜5° 时，不应翻倒。

3.1.2 推拉式及升降式晾衣架的结构稳定性应符合下表N-1的规定。

表N-1 升降式及推拉式晾衣架的结构稳定性

晾衣杆数量	承重N(kgf)	时 间（h）	要 求
1	49(5)	12	产品整体无掉落且能正常使用
2	98(10)		
3	147(15)		
4	196(20)		

注：每根晾衣杆承重49N(5kgf)为使用载荷。

3.1.3 电动晾衣架属1类器具，产品电气性能应符合《家用和类似用途电器的安全 第一部分：通用要求》 GB 4706.1-2005中相应的规定。应预留≥BV2.5mm^2，具有安全回路的晾衣架专用电源线。

3.2 使用性能

3.2.1 升降式晾衣架单杆均匀施加静载荷（98N/10kgf）12h，卸载后。其变形量不大于被测杆件总长的1%，升降晾衣架顶座支架及转角支架轴承不能出现滚珠脱落变形，钢丝绳不能出现断裂等现象，且杆件不发生滑落并能正常使用。

3.2.2 其他形式的晾衣架整体均匀施加静载荷（98N/10kgf）12h，卸载后，变形量不大于被测杆件总长的10%，杆件不能出现断裂等。

3.3 外观性能

3.3.1 抛光件、压铸件外表边沿不能有明显的疵锋及飞边，表面、口边及孔位不能有变形、裂痕、冷隔、碰伤、缺料痕等缺陷，表面图案、文字、线条应清晰。

3.3.2 塑料件表面不应有明显的填料斑、溢料、缩痕、气孔、翘曲、熔接痕、擦伤、划伤和污垢。

3.3.3 电镀层表面应光泽均匀，不得有脱皮、起泡、龟裂、烧焦、露底、剥落、黑斑及明显的麻点等缺陷。

3.3.4 喷涂层表面不应有气泡、桔皮、色差、掉漆、溢漆、烧焦、少漆、补漆等缺陷。

3.4 物理性能

3.4.1 镀、涂层结合强度：镀层应结合牢固，漆膜涂层附着力应为1级；喷塑层附着力应为0级；涂层厚度不低于0.06，且在承受4.9N·m冲击时，涂层无断裂。

3.4.2 耐腐蚀性：铝合金产品表面阳极氧化膜；其他材质产品表面涂、镀层或不锈钢耐腐蚀性均应符合国家相关规范要求。

4 晾衣架配件要求

4.1 杆件应采用不锈钢、碳素钢、铝合金、不锈钢复合材料等制造；在保证产品性能时，允许使用其他金属材料制造。

4.2 塑料件采用耐老化塑料。

4.3 直杆件应挺直，弯曲度不大于总长的1%。

4.4 平行杆件之间应相互平行，平行度不大于杆件间距的1%。

4.5 采用滚动轴承的产品，其轴承精度应符合国家相关规范要求。

4.6 固定连接的构件应连接牢固、无卡阻、无转动。活动部位如铰链、轮子等，应活动灵活、手感轻便。

5 晾衣架的安装

5.1 固定推拉晾衣架的安装

5.1.1 安装准备

1）请选择一个宽敞的地方。

2）请对照清单检查是否齐全。

3）禁止手触摸晾杆的横切面，以免划伤。

4）请按图示进行有序组装，以免造成产品损坏。

5.1.2 安装步骤

1）挑选好阳台安装的位置，使用支架确认安装位置并做好标记后，用10cm的冲击钻头钻孔，钻孔深度为70左右，见图（a）。

2）用M8膨胀螺栓把左右两个支架固定在墙上，见图（b）。

3）把晾杆穿在支架上，并拧紧螺丝，见图（c）。再把晾杆堵头塞在晾杆的两端，见图（d）。

注：如需安装于铝合金上，固定方式可采用抽芯铆钉。

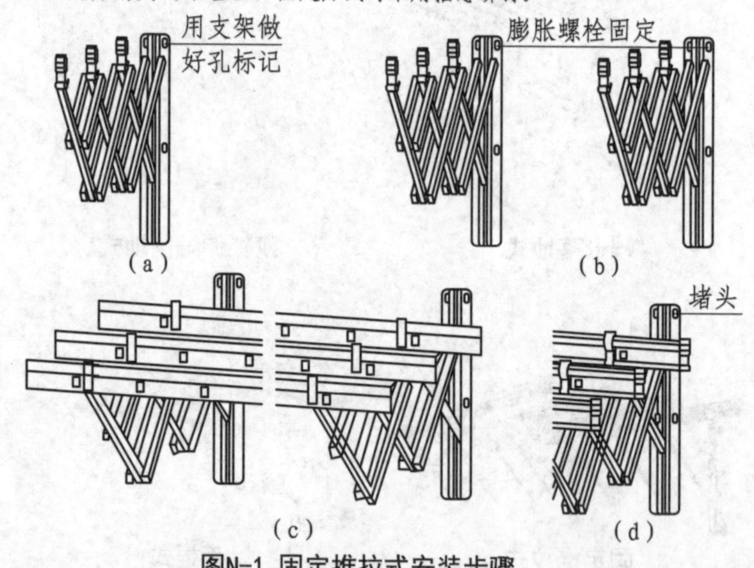

图N-1 固定推拉式安装步骤

晾衣架说明							图集号	16J502-4
审核	饶良修	[signature]	校对	郭晓明	[signature]	设计 饶劢 [signature]	页	N02

5.2 直线安装法说明

5.2.1 手摇器固定在正面墙上。

5.2.2 万向轮与手摇器垂直，且同样固定在同一墙面上。

5.2.3 对折后的钢丝绳穿过其中一只万向轮（见图N-2）。

5.3 侧面安装法说明

5.3.1 手摇器固定在侧面墙上。

5.3.2 万向轮与手摇器垂直，且同样固定在同一墙面上。

5.3.3 对折后的钢丝绳穿过其中一只万向轮（见图N-3）。

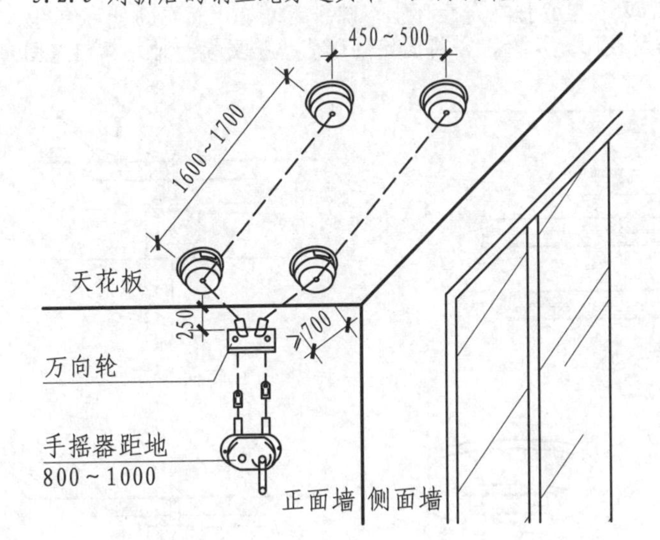

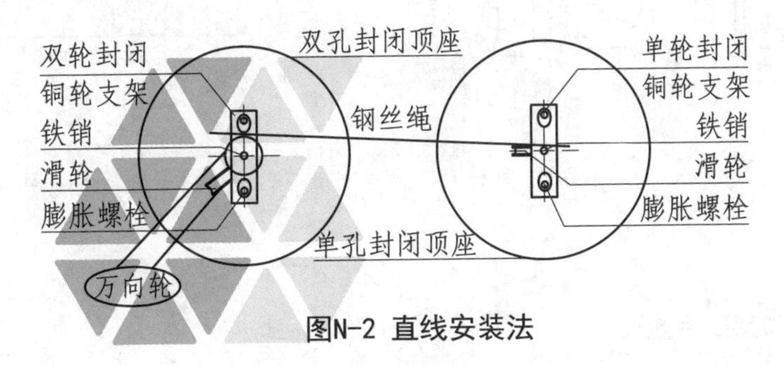

图N-2 直线安装法

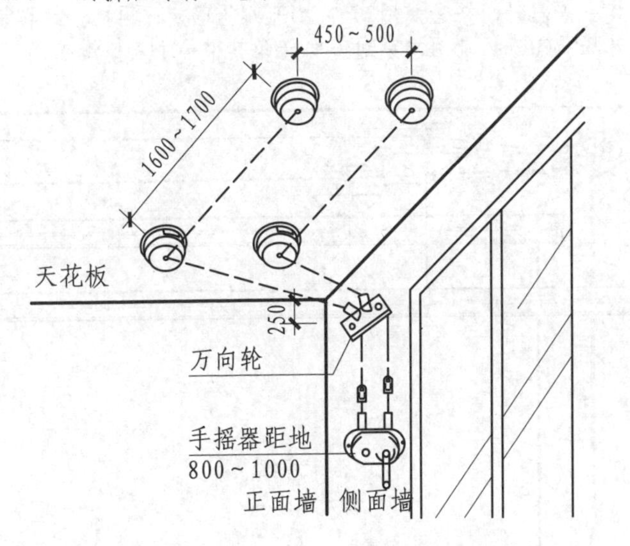

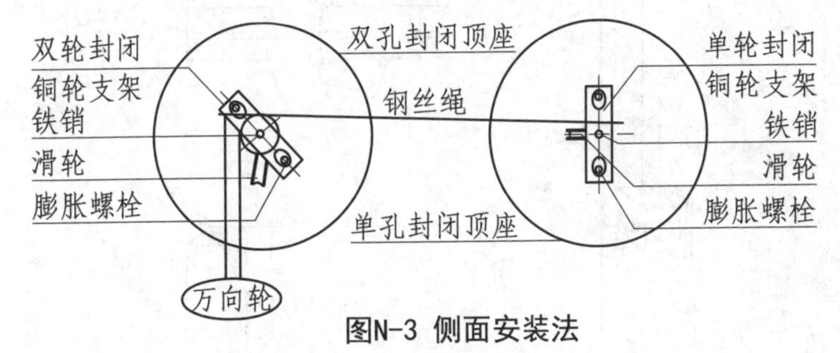

图N-3 侧面安装法

晾衣架说明						图集号	16J502-4
审核	饶良修	校对	郭晓明	设计	饶劢	页	N03

G 柱式

H 隔扇

J 装饰壁炉

K 室内装修 缩缝构造 伸

L 成品隔墙

M 紧固件

N 晾衣架

1) 请根据阳台环境选择安装方案（见N03页图N-2和图N-3）。

2) 用8mm钻头的冲击钻钻孔。

3) 使用生产企业提供的膨胀螺栓按先后顺序固定以下配件：①转向顶座总成 ②固定顶座总成 ③万向转角 ④手摇器总成。

4) 安装万向转角时，安装在墙上离天花板250处，如N03页图N-2；也可安装在天花上离墙250处，如N03页图N-3。

5) 安装手摇器时，按④使用2只内膨胀螺栓固定，再插上手摇杆。

6) 把升降绳⑤分a、b两端穿过万向转角其中一个双槽滑轮③，a端绕过①的转向滑轮外侧，A端必须嵌入转向滑轮槽内，再穿向②滑轮，垂直于地面。再让B端直接穿过①定向滑轮，垂直于地面（另一根升降绳穿绳方法类推）。

7) 升降绳穿过饰球⑥的小孔，钢丝绳直接打结⑦。

8) 套进晾杆调整晾杆成水平状态使饰球与顶座吻合，然后用绳钩⑩连接万向转角与手摇器之间的钢丝绳。

9) 把防风衣架⑫挂在定距环上，晾杆两端套上管帽⑪就可使用。

10) 当用在阳光房时，需将固定的膨胀螺栓更换为抽芯铆钉来固定。

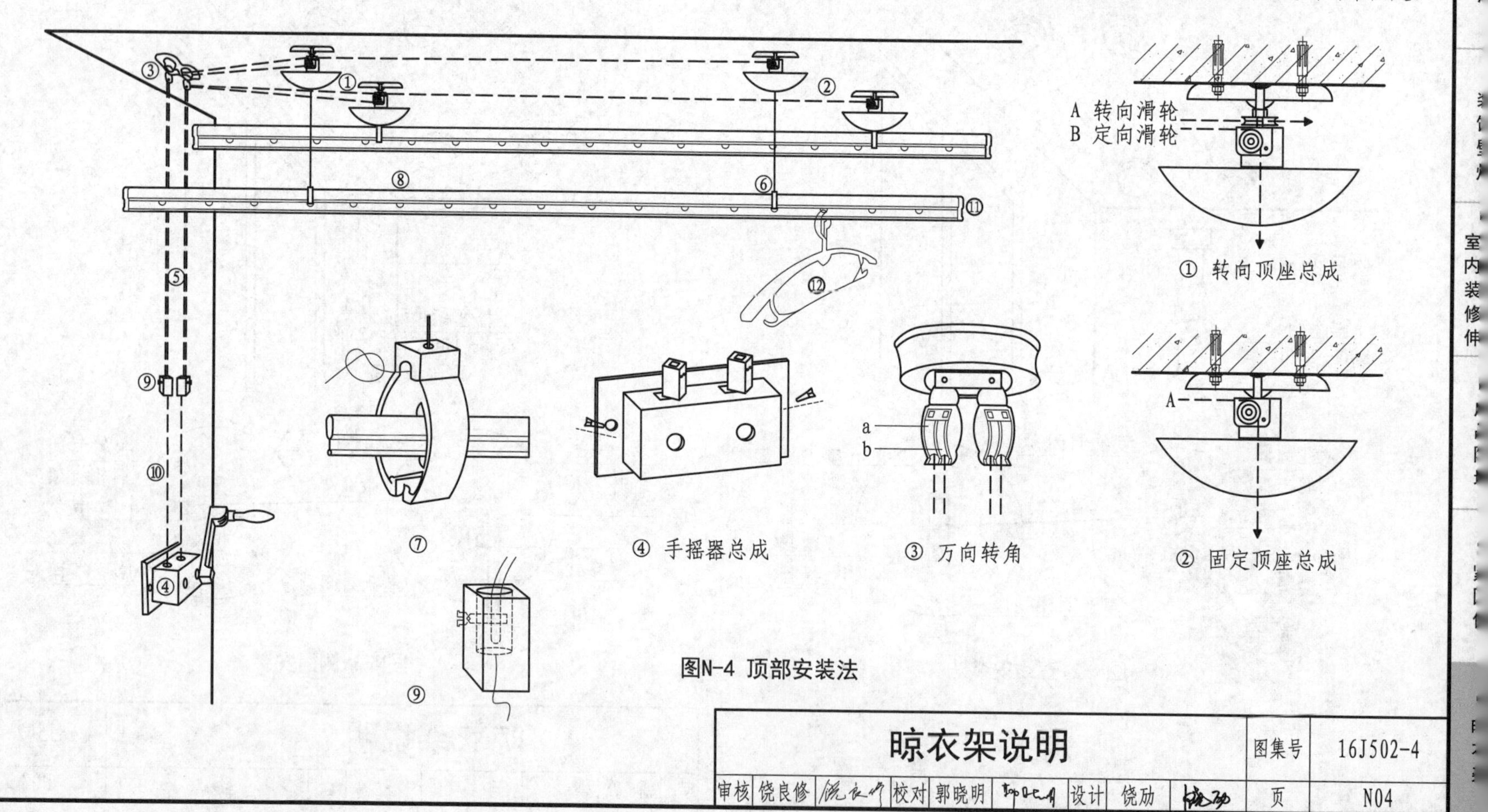

图N-4 顶部安装法

晾衣架说明						图集号	16J502-4
审核	饶良修	校对	郭晓明	设计	饶劢	页	N04

5.4　遥控电动晾衣架分外露式和嵌入式的安装

5.4.1 外露式电动晾衣架安装准备

1）检查电源线，当＜BV2.5mm²时，需单拉≥BV2.5mm²的专用电源线，并构成安全回路。

2）打孔安装膨胀螺栓：将安装模板固定在安装处，见图（a）。确定好位置后根据模板四角的圆孔在顶面上做出打孔标记（避开预埋电路）。

3）用电锤在记号上垂直打出≥φ8×70的孔，装上膨胀螺栓，必须将膨胀管胀开。

5.4.2 安装步骤

1）固定架膨胀螺栓：将4个膨胀螺栓上侧的螺母用扳手拧紧，然后将一端的2颗膨胀螺栓下侧螺母拧松至图（b）中所示的预留的"安装间距"另一端的2颗膨胀螺栓下侧螺母取下，见图（b）。

2）拆下主机两端的端盖，小心托起主机，将主机一端插在左侧2个膨胀螺栓的安装间距上，然后托平主机将右侧2个膨胀螺栓下侧螺母拧上，装上主机后用工具将4个膨胀螺栓全部拧紧，见图（c）。

3）正确连接电源线，用绝缘胶带包好放在主机顶部，见图（d）。

4）按照说明书进行产品的其他部分安装。

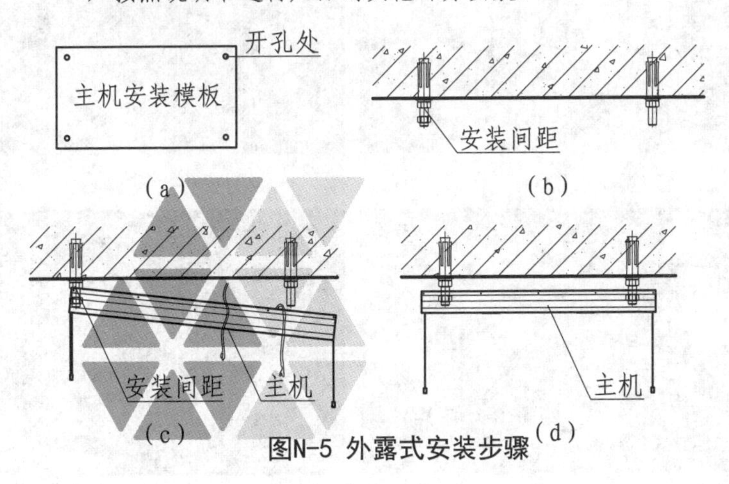

图N-5 外露式安装步骤

5.4.3 嵌入式电动晾衣架安装准备

1）检查电源线，当＜BV2.5mm²时，需单拉≥BV2.5mm²的专用电源线，并构成安全回路。

2）嵌入式电动晾衣架是针对阳台铝扣板集成吊顶而设计的遥控电动晾衣机，主机安装完全嵌入在扣板内，阳台整体简洁美观。

3）将主机的安装模板用双面胶粘贴在两根副龙骨内侧的墙面上，注意模板的中心位置要对准其中一块扣板的中心，见图（e）。

5.4.4 安装步骤

1）用电锤在模板的主机安装孔位置垂直打出4个固定孔(避开预埋电路)，然后装上膨胀螺栓，必须将膨胀管胀开。

2）固定膨胀螺栓：将4个膨胀螺栓上侧的螺母用扳手拧紧；然后将一端的2颗膨胀螺栓下侧螺母拧松至图（b）所示的预留的"安装间距"，另一端的2颗膨胀螺栓下侧螺母取下，见图（b）。

3）小心托起主机，将主机一端插在左侧的2个膨胀螺栓的安装间距上，然后托平主机将右侧的2个膨胀螺栓下侧螺母拧上，装上主机后用工具将4个膨胀螺栓全部拧紧，见图（d）。

4）正确连接电源线，用绝缘胶带包好接头，放入到主机顶部；详见图F。

5）面板开孔：在扣板的内部用相应的开孔模板画出开孔位置及形状，然后用切割机切出暖风、晾衣杆剪刀架、灯孔，最后装上对应的装饰塑料面板及灯。

6）安装剪刀架、灯等，剪刀架扣板先套入剪刀架，剪刀架和主机固定好后方可扣好此板。

7）吊顶面板全部安装完毕后，按照晾衣机说明书进行产品的其他部分安装。

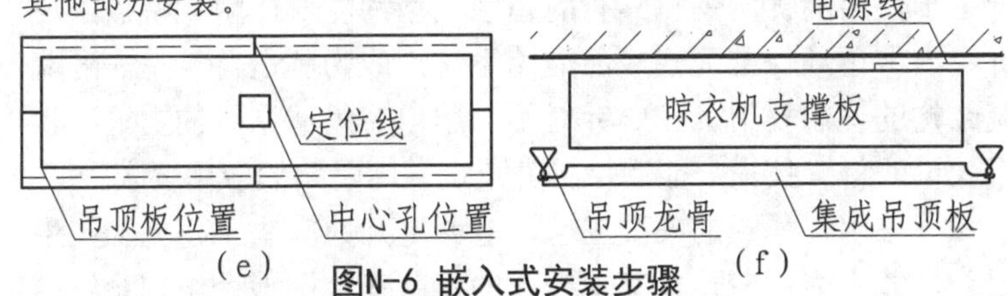

图N-6 嵌入式安装步骤

晾衣架说明							图集号	16J502-4
审核	饶良修	[signature]	校对	郭晓明	[signature]	设计 饶劢 [signature]	页	N05

驰瑞莱装配式成品隔墙系统相关技术资料

1. 产品简介

驰瑞莱（TRL®）绿色环保装配式成品隔墙系统，是全钢制型材的室内轻质隔墙产品，可实现建筑室内隔墙系统的新建、改造和更新，范围包括双面玻璃隔墙、双面实体隔墙、单侧挂墙体以及门系统等。

2. 适用范围

产品	厚度规格（mm）	防火	隔声（dB）	适用范围
TRL 单层玻璃隔墙系统	52～80	耐火 1.0h	37	开敞办公区
TRL 双层玻璃隔墙系统	100	耐火 1.0h	45	疏散通道
TRL 实体隔墙系统	100	耐火 1.5h	45	间隔墙
TRL 单侧挂墙系统	50～70	A 级燃烧性能	-	核心筒装修面

3. 产品特点

由于使用的优质钢材具有的超强机械性能及高耐火特点，使TRL®室内绿色环保装配式成品隔墙系统，成为制造建筑室内隔墙系统结构的理想材料。TRL®针对不同用户对隔墙系统的要求，积累了大量的特有技术，能满足各类建筑室内隔墙的应用要求。

TRL®采用装配式的安装工艺，能够更好地解决土建施工产生的误差，并更能适应现场其他专业的复杂变化；整个结构系统由标准型材装配而成，真正的实现快速、可重复利用的拆装。

注：本页根据驰瑞莱工业（北京）有限公司提供的技术资料编制。

慧鱼锚栓产品相关技术资料

1. 产品简介

慧鱼系列锚栓包括尼龙、金属、化学三大类主要产品。在内装应用中，针对多种使用场景，如空心砌块、加气混凝土、石膏板隔断等，慧鱼提供从轻型到重型的不同锚固解决方案。

2. 适用范围

产品	规格（mm）	适用荷载	适用范围
尼龙锚栓 SX、UX、SXR、SXS	5～16	轻型	混凝土、实心砖、多孔砖、空心砌块、加气混凝土
尼龙锚栓 GK	8～14	轻型	加气混凝土
金属锚栓 FPX-I	6～12	重型	加气混凝土
尼龙锚栓 GK	4～5	轻型	石膏板
翻转锚栓 KD	5～8	重型	石膏板
金属锚栓 FBN II	8～12	重型	混凝土
化学锚栓 RM	8～12	重型	混凝土

3. 性能特点

尼龙锚栓采用原生 PA6 尼龙，结合特殊的几何结构设计，使同一款产品可用于不同的基材中，使用更方便、灵活。

金属锚栓、化学锚栓拥有更大的使用空间，且性能优异。金属锚栓提供电镀锌、热镀锌、不锈钢等多种选择，满足各种使用环境的要求。化学锚栓作为可靠的连接在承载结构中至关重要，慧鱼高强化学锚栓在幕墙中得到广泛应用。

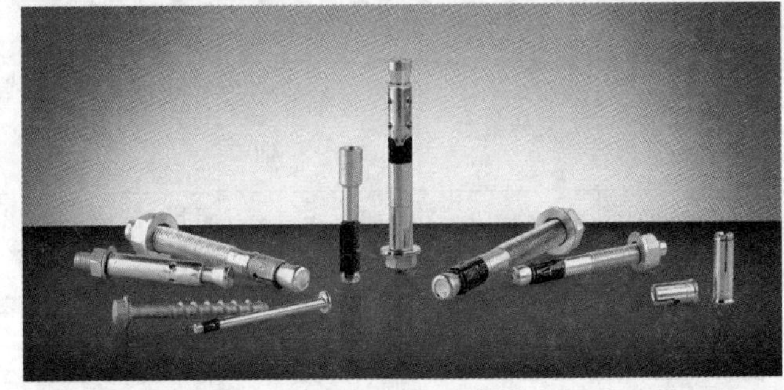

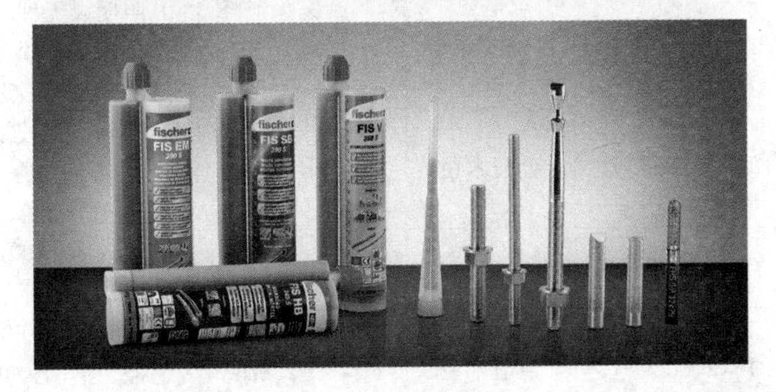

注：本页根据慧鱼（太仓）建筑锚栓有限公司提供的技术资料编制。

友利特智能电动晾衣机相关技术资料

1. 产品简介

友利特智能电动晾衣机分主机外露式（见图一）和主机嵌入式（见图二）两种。嵌入式是主机完全嵌入阳台集成吊顶的扣板内，阳台整体简洁美观。

2. 适用范围

用户可根据以下性能特点，家庭阳台大小，装修风格等选配不同功能和颜色的相应机型。

3. 性能特点

产品型号	产品颜色	晒杆尺寸	性能特点
YLT-168GA-MG	玫瑰金	固定杆 2.4m	LED 照明、无线遥控、遇阻停止、风干、紫外线消毒
YLT-168SA-HP	宝马紫金	伸缩杆 1.3～2.3m	LED 照明、无线遥控、遇阻停止、风干、烘干、紫外线消毒、负离子、一键上升
YLT-132GB-B	珍珠白	固定杆 2.4m	LED 照明、无线遥控、遇阻停止、紫外线消毒
YLT-132SA-Y	银电白	伸缩杆 1.3～2.3m	LED 照明、无线遥控、遇阻停止
YLT-162SB52-P	宝马苹果金	伸缩杆 1.7～2.7m	LED 照明、无线遥控、遇阻停止、风干、烘干、紫外线消毒、手机 APP 远程控制
YLT-162SB51-JT	金檀木色	固定杆 2.6m	LED 照明、无线遥控、遇阻停止、风干、烘干、紫外线消毒、蓝牙音箱、一键上升
YLT-120GC-Y	银电白	固定杆 2.4m	主机嵌入式、LED 照明、无线遥控、遇阻停止
YLT-120GC61-JT	金檀木色	固定杆 2.4m	主机嵌入式、LED 照明、无线遥控、遇阻停止、风干、烘干、紫外线消毒

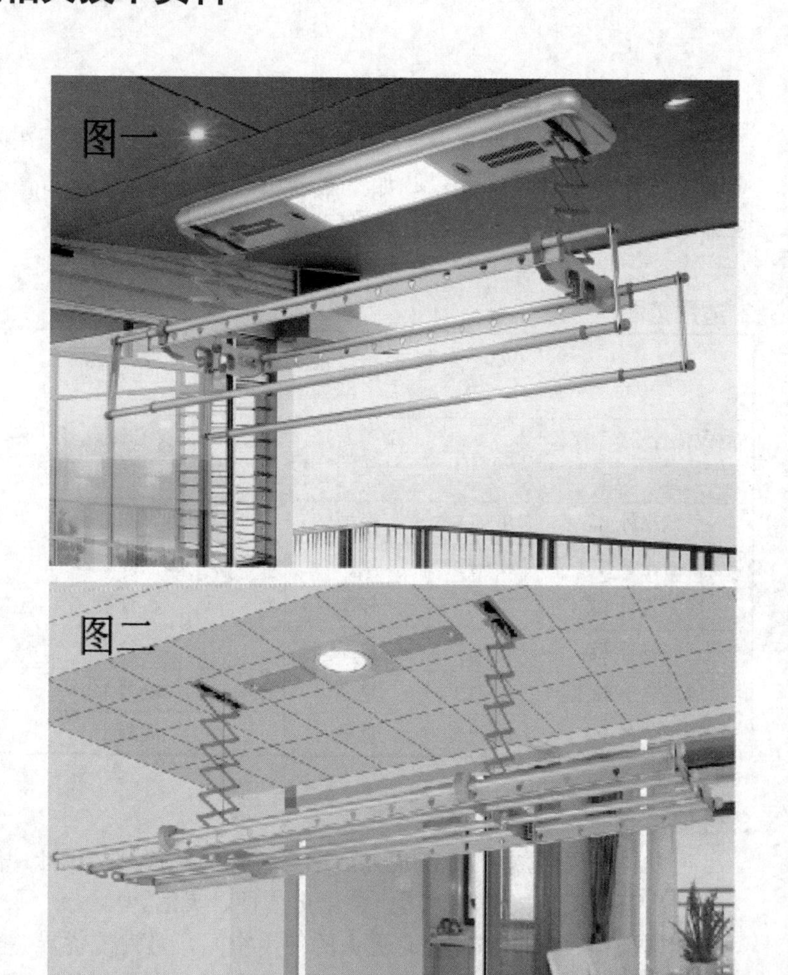

注：本页根据无锡友利特智能科技有限公司提供的技术资料编制。

江阴友邦晾晒架产品相关技术资料

1. 产品简介

江阴友邦不锈钢晾晒架产品，主要材料为薄壁碳素钢外包覆不锈钢复合管，以优异的耐腐、耐磨、耐热性和其光洁的表面，广泛适用于日常生活中。晾晒架的设计理念主要体现在简约、时尚、轻便、收纳简单、易储存、多功能等方面。

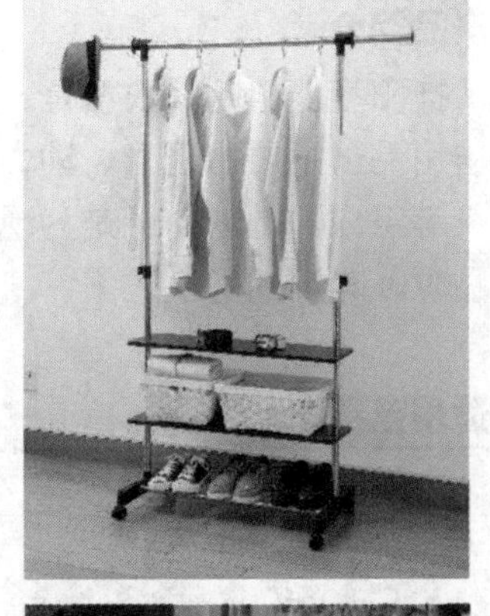

2. 适用范围

制品	主要材料	适用范围
晾晒架	复合管、碳钢管、铝合金管	室内
挂衣架	复合管、碳钢管、铝合金管	室内
收纳架	复合管、碳钢管、铝合金管	室内
晾晒架	复合管、碳钢管、铝合金管	户外
晾晒架	复合管、碳钢管、铝合金管	阳台
置物架	复合管、碳钢管、铝合金管	卫浴
置物架	复合管、碳钢管、铝合金管	厨房

3. 性能特点

本产品主要特点在于存放以及功能上做深入研究，使产品的收纳更方便，本着占用空间更小的角度，设计易折叠、易拆卸、易重组的产品。在功能性的设计上体现居家生活晾晒衣服的需求，针对衣服、帽子、被子等不同的居家生活用品设计相应的产品，满足不同的需求。并在细节上力争相同的部件更多的功能。

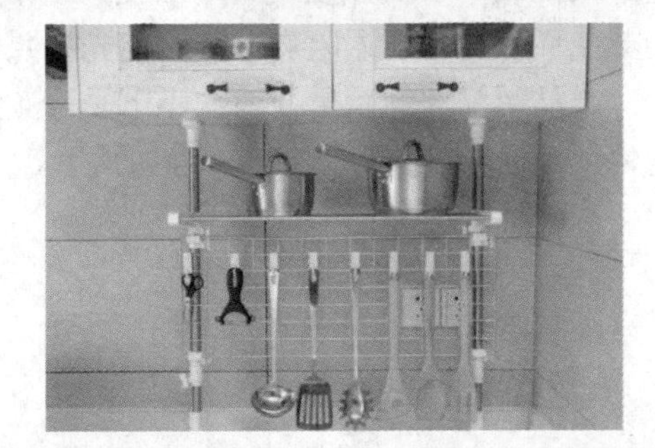

注：本页根据江阴市友邦家居用品有限公司提供的技术资料编制。

捷阳智能晾衣机产品相关技术资料

1. 产品简介

捷阳智能电动晾衣机是一种通过电机产生驱动力、智能化的家居用品，主要由机身、动力系统、控制系统、升降系统、晾晒系统等组成。基本功能是为现代家庭用户提供智能自动化的生活用品晾、晒等的解决方案。

2. 适用范围

品类	功能	主要材料	适用范围
智能晾衣机	照明、风干、烘干、除菌、APP远程控制	航空铝材	别墅、住宅、宿舍、公寓、宾馆、医院、阳光房、凸窗等

3. 性能特点

捷阳智能晾衣机采用航空铝材制造，具有智能无线操控、智能中央控制、智能杀菌消毒、智能风干烘干、航空铝材机身、智能节能环保、智能遇阻刹车和智能光控照明等八项功能。

产品用钢丝绳承重 5 万次不下垂。航空铝材的超强承重特性，能保证 35kg 动态承重，70kg 静态承重。

注：本页根据江苏捷阳科技股份有限公司提供的技术资料编制。

参编企业、联系人及电话

驰瑞莱工业（北京）有限公司　　李　猛　　13810739469

慧鱼（太仓）建筑锚栓有限公司　　陈惠俊　　15921981757

无锡友利特智能科技有限公司　　钦建宏　　13328152988

江阴市友邦家居用品有限公司　　缪　震　　13921259168

江苏捷阳科技股份有限公司　　顾国东　　18961738888